U0251163

人造的风景

——如何营造我们悦心的美丽

武庆新◎编著

北京工业大学出版社

图书在版编目(CIP)数据

人造的风景：如何营造我们悦心的美丽 / 武庆新编著. —北京：北京工业大学出版社，2014.11
ISBN 978-7-5639-4050-9

Ⅰ. ①人… Ⅱ. ①武… Ⅲ. ①环境保护—普及读物 Ⅳ. ①X-49

中国版本图书馆 CIP 数据核字（2014）第 215192 号

人造的风景——如何营造我们悦心的美丽

编　　著： 武庆新
责任编辑： 符彩娟
封面设计： 元明设计
出版发行： 北京工业大学出版社
（北京市朝阳区平乐园 100 号　邮编：100124）
010-67391722（传真）　bgdcbs@sina.com
出 版 人： 郝　勇
经销单位： 全国各地新华书店
承印单位： 北京建泰印刷有限公司
开　　本： 787 毫米 × 1092 毫米　1/16
印　　张： 13.75
字　　数： 161 千字
版　　次： 2014 年 11 月第 1 版
印　　次： 2014 年 11 月第 1 次印刷
标准书号： ISBN 978-7-5639-4050-9
定　　价： 25.00 元

前 言

美丽的风景，能够让人们获得精神和感官的享受，欣赏一个风景就是一次心灵的巡游。而且，美丽的风景随处可见。正如严复在《天演论》中所说：“一草一木、一花一鸟，甚至一虫一鱼都可以说是一种景物，景物在我们的生活中无处不在。”

同时，风景又有不同的内涵，不同的风景给人们的感受往往不同。其中，自然景观和人文景观给人们的感觉就有很大的不同。自然景观往往只是受到人类间接、轻微或偶尔的影响，而原有的自然面貌并没有发生明显的变化，如极地、高山等。在自然景观中，人们可以感受到自然的气息和大自然的鬼斧神工，这是自然长期作用的结果。

与自然景观不同，从人文景观中，我们可以看到活生生的“人”的思想与行为的存在。在这些人文景观中，人们通过直接影响或长期作用而使得自然面貌发生明显的变化，如工矿、城镇等地区的风景。欣赏这些风景，人们能够明显地找到人类自身的影子，发现其中或多或少的人类痕迹。

但是，人文景观作为人造的风景、人类作用和影响的产物，它的发展规律也要服从于自然规律，也必须按自然规律去建设和管理，这样才能起到景观应有的作用。否则，人造的风景就会起到反作用，破坏自然、打破平衡，这样也就无法再美化环境，愉悦身心。风景也是脆弱的。如果，人类活动不注重保护环境，肆意利用、开发、破坏环境，人为地制造“风景”，那么风景就会变质。

然而，随着工业化、城镇化以及经济全球化的发展，人文景观越来越显示出急功近利的方面，各种各样的“人造风景”给人们的感受越来越触目惊心。在人类活动的参与下，一些地理风貌、人文景观、气象风景、生态风景越来越表现出不和谐。

比如，乱砍滥伐造成的沙漠与荒漠化、城市建设中的光污染、近年来频发的极端天气等，这一系列的人造“风景”就是工业化进程中人类对自然的入侵造成的，是人与环境相处的过程中的败笔。

本书揭示了在经济发展的过程中，在工业化和经济全球化的大形势下，人类活动造就的一些令人熟悉而又陌生的“人造风景”。本书把“人造风景”划分为地理风景、人文风景、气象风景和生态风景，并根据人类不良行为对风景的作用和影响、破坏和污染，以人与人、人与环境的和谐融洽相处为立足点，把生态学的理念贯穿到景观规划的方方面面，使得“人造风景”合乎生态环境的要求，给人类的存在和发展产生积极的作用。

下面，就让我们翻开本书，把景观赋予生命，来审视一下人造的“景致”，反思一下如何营造我们真正“悦心”的美丽。

目 录

第一章 “风景”并不是看到的那么简单

第二章 满目疮痍的“地理风景”

第三章 披着伪装的“人文风景”

第四章 令人望而却步的“气象风景”

第五章　因小失大的“生态风景”

第六章　绿色中国，需用“风景”代言

第一章

“风景”并不是看到的那么简单

亮丽的风景，是一幅幅令人愉悦的画面，是一个个充满乐趣的音符，对人们充满了诱惑力，调动着人们的无限神往之情。但是，风景往往并不是我们看到的那么简单。摆在我们面前的风景也是一项复杂的“工程”。它有不同的侧面和内涵，拥有不同的面貌和奇趣，特别是在人类活动的作用下。所以，风景也是一个世界，也有多姿多彩的“语言”。

最美不过风景

寻寻觅觅，人们总是对美的事物有莫名的好感，总是不自觉地被它吸引。其中最吸引人眼球的恐怕就是美好的风景了。美好的风景是赏心悦目的，它或雄奇或秀丽，不管怎样，都会让人不胜喜爱。因此，美丽的风景几乎对所有人来说都是受用的。而且，风景是个大“家族”，在风景的家族里，它们有着不同的性格和不同容貌，能够满足人们的不同需求，使人们获得美的享受。

那么，什么是风景呢？你对风景有哪些了解呢？风景有哪些特点呢？

风景是个非常特殊的概念。对于常住在内地的人来说，一望无际的大海是难以忘记的风景；对于住在平原的人来说，巍峨挺拔的高山是最美的风景。比如，身居九寨沟的人想见见繁华的上海南京路，置身闹市的人常常会向往香格里拉的清静之地。所以，风景具有一定的个体差异性，对每个人来说风景都是有所不同的。但是，一般来说，山水俱佳，与环境协调统一的风景大多是让人喜爱的。比如，蔚蓝的大海、蓝天白云、清秀高耸的大山、婆娑的椰子树和一望无际的草原等。这些各具神韵和特色的风景往往是人们喜爱的。

从风景的组成来看，风景即风光、景色，包括自然风景和人文风景，是由物对光的反映所显露出来的一种景象。对于风景，我国历代文人早有记载，比如，《晋书》有言，“过江人士，每至暇日，相要出新亭饮宴，周顗叹曰：风景不殊，举目有江山之异。”李白也有“常时饮酒逐风景，壮士遂与功名疏”之句。其他如王维、崔颢、杜甫、白居易、杜牧、苏轼、张继，和更早的南北朝的山水诗人谢灵运等，都是爱好风景的旅游专家，都对风景有着特殊的情感。

清代李渔在作品中提及：“一路行来，山青水绿，鸟语花香，真个好风景也。”清代范阳洵《重修袁家山碑记》说：“已告成，而风景清幽，居然福地也。”老舍《贫血集·不成问题的问题》说：“专凭风景来说，这里真值得被称为乱世的桃源。”由此可见，所谓风景，实质上是在一定的条件之下，以山水景物以及某些自然和人文现象所构成的足以引起人们欣赏的景象。

风景是没有长性的，它常常会发生变化，每一个地方的风景、每一段时间的风景、每一个人的风景都是有所不同的。一般来说，风景的变化往往会由气象条件的变迁、生态环境的变化、地理位置的偏差以及人为等因素所造成。其实，风景的这种特点也反映出了构成风景的三个基本要素。

一般来说，风景是一个抽象的概念，但是也有具体的实物作为基础；风景虽然有诸多的变化，但是也常常由一些基

本的要素来决定。而景物、景感和条件则是构成风景的三类基本要素。

其中，景物是风景构成的客观因素、基本素材，是具有独立欣赏价值的风景素材的个体，包括山、水、植物、动物、空气、光、建筑以及其他诸如雕塑碑刻、胜迹遗址等有效的风景素材。也就是说，景物是摆在人们眼前的实际存在的客观风景。

景感是风景构成的活跃因素、主观反映，是人对景物的体察、鉴别和感受，例如视觉、听觉、嗅觉、味觉、触觉、心理等。这是构成风景的最活跃和多变的因素。这也是不同的人对同一处风景往往会有不同感受的原因。因为，虽然摆在人们眼前的风景没有改变，可是每个人对风景的感受及心理反应则是千差万别的。对同一处风景，有的人为之倾倒、沉醉其中，而有的人则一扫而过，没有多大的感觉和美感体验。

除了景物和景感之外，还有条件因素。条件是风景构成的制约因素、联系手段，是赏景主体与风景客体所构成的特殊关系，包括个人、时间、地点、文化、科技、经济和社会各种条件。这是景物与景感之间的系带，不同的欣赏条件直接关系着人们对景物的景感，决定着人们的审美体验和风景感受。

可见，风景就是在景物、景感和条件三类基本要素的作用下共同成就的。一次良好的风景体验对于这三类基本要素来说，是缺一不可的。

同时，随着经济的发展和社会的进步，风景的含义也是不断发展和变化的。也就是说，由于时代以及认知环境的不同，风景的认知深度、价值宽度和实践特征（包括主体、规模和途径等）往往会产生变化。在古代，人们对风景的认知是感性的、表象的。现代科学尤其是生态学的发展，为风景的理性认识创造了条件。至此，风景认知达到了前所未有的深度，且具有进一步延伸的可能与趋势。

而且，在古代，风景具有较为单一的审美价值；在现代，风景超越审美价值，具有生物和文化多样性保护、科学研究、教育以及社会经济等价值。

同时，在古代，风景大多数情况下是一种个体性审美实践，实践的主体是少数人，实践途径是“人与天调”，总体具有规模小、环境影响小的特征；在现代，风景大多数情况下是一种公众性社会实践，实践的主体扩展为不同的利益群体，具有规模大、环境影响大的特征。

可见，风景并不是固定不变的，它看似是一个简单的名词，但是在风景的背后也潜藏着很多鲜为人知的事情。这使得风景不仅仅是眼睛看到的那么简单。特别是随着经济的发展，人们对风景的关注和考究越来越深入，风景的内涵以及体现的意义越来越多地被挖掘出来。

人们对风景的表现形式有了较为细致的划分和区别。风景是人对自然环境感知、认知和实践过程的显现。人对自然的感知（情感体验）所形成的“风景”，以诗歌、绘画等艺术形式显现；人对自然的认知所形成的“风景”，以环境伦理学、环境美学、人文地理学、景观生态学、景观历史学、景观考古学等知识形态显现；人对自然的实践（包括保护管理以及保护管理前提下的规划设计）所形成的“风景”，以遗产地、园林、公共开放空间等物质形态显现。

同时，风景越来越和其他的科学紧密地联系在一起，使它不仅具有极大的观赏价值还有极大的科学研究价值。比如，风景与生物学、生态学、气象学、地质学、水文学、环境学等都是紧密地联系在一起的，都可以为其提供极大帮助，推动这些学科的发展。

另外，随着人们对风景认识的深入，以及人们与环境关系的日益紧密，风景正在逐渐摆脱冷冰冰的“自然”或“环境”属性，而成了活生生的人和自然的复合体。风景中人的因素，在个体为情感（情感的表达为艺术），在群体为文化。因此文化和艺术对于风景园林学来讲，与狭义自然一样，日益成为不可或缺的构成要素。

不仅如此，风景还具有一定的教化功能和现实意义。比如，作为环境教育的风景园林学，不论是对于国家、社会还是对于风景园林学本身都是十分有益的。而且，环境伦理学也日益成为一个重要的风景观念。

因为人类注重伦理观念，而自然环境又与人的生活息息相关，随着人类对自然的开发日益深入，人类急需一个超越人本中心的伦理，来规范人类与环境、与其他生物的关系。因此，风景不仅是一个亮丽的景致，还与人类的生存发展有着紧密的关系。人们在欣赏风景的时候，也在处理着人与自然、人与环境之间的关系。所以，风景是一个复杂的概念，是与人息息相关的。

风景也是善变的

风景在人们的生活中随处可见，与人们的活动密切相关。在生活中，由于各种各样的风景的存在，人们更易获得极大的美感体验或者说美的享受。但是，风景又是比较复杂和敏感的，风景在人类活动的参与下，往往会具有善变的特性，使得风景变得不那么友好。

一个亮丽优美的风景总是能够让人沉醉其中，为之倾倒。这是风景的基本属性，也是一个良好的风景给人最直观的感受。比如，美国约塞米蒂国家公园，是美国西部最美丽、参观人数最多的国家公园之一，与大峡谷国家公园、黄石国家公园齐名，位于加利福尼亚州东部内华达山脉上。公园峡谷内有麦斯德河流过，还有一些瀑布，包括著名的约塞米蒂瀑布。景观中还有许多美丽的山峰，其中最著名的是船长峰，这是一个由谷底垂直向上高达 1 099 米的花岗岩壁，是世界上最高的不间断陡崖之一。公园内的地势落差极大，不断映入眼帘的山峰、峡谷、河流、瀑布，构成了山谷内鬼斧神工的雄伟景色。园内有1 000 多种花草植物，生长着黑橡树、雪松、黄松木，还有“树王”巨杉等植物。其中有株称为巨灰熊的巨杉，估计已有2 700 年的树龄，是世界上现存最大的树木。约塞米蒂国家公园的风景是十分优美和宜人的。

希腊著名的旅游胜地圣托里尼岛，被誉为爱琴海上的明珠，也是一个风景优美的绝佳之地。这里是浪漫至极的啤酒乐园，也是柏拉图笔下的自由之地。同时，这里有世界上最美的日落，最壮阔的海景。这个蓝白相间的色彩天地是艺术家的聚集地，是摄影家的天堂，在这里，你可以做诗人，也可以做画家，描绘出你心目中圣托里尼最蓝的天空。另外，这里有美丽的沙滩，有特别的黑砾滩和黑沙滩，带给人一种不一样的爱琴海度假气氛。

不仅如此，除了阳光、蓝天、碧海，这里特有的白房子是圣托里尼给人留下印象最为深刻也最为优美的风景。而且，在岛上，你可以骑着驴在港口和村落间游荡，可以坐船去火山岛闲转，可以在爱琴海边吃烤肉，可以在伊亚看落日（号称世界上最美丽的落日）……这一切都是令人沉醉的，这一切都构成了一幅幅美丽的图画。

加勒比海的绝世风情，特立尼达和多巴哥海滨风光也是一道十分美丽的风景，这里常常能够让人想起加勒比海盗的传奇之旅。而且，这里是一个美得让时间静止的地方。

其中，多巴哥岛是南美洲特立尼达和多巴哥的第二大岛，位于西印度群岛南端的大西洋上。长42公里的多巴哥岛，最宽处也只有11公里，形状狭长，像一支雪茄烟，而且岛上盛产烟草，也正因为这样，此岛的名称叫作“多巴哥”，意思就是“烟草”。多巴哥岛也被称为烟草之岛。

整个岛的面积约300平方公里，东北部峰峦起伏，西南部地势平坦。岛上椰林处处，鸟语花香；沿岸沙滩松软，水清见底，热带鱼在珊瑚礁间游来游去，充满热带风情。岛东北端的小多巴哥岛上，栖息着不少羽毛艳丽、能歌善舞的极乐鸟。岛西南沿海的布科礁有着远近闻名的“海底公园”之称。多巴哥以自己独特的景色吸引着世界各地的游人。

该岛过去是甘蔗和朗姆酒产地，现在成了度假之地。在毗邻的小多巴哥岛上有“鸟类天堂”保护地，面积达2 732亩，是仅次于新几内亚的第二大鸟类保护地，这里有许多金色羽毛的鸟类。在近海的布库珊瑚礁，可观赏水下海洋生物。岛上的鲁滨孙·克鲁索耶洞长2.4公里，直通岛西端的斯多湾。

除此之外，马尔代夫瓦宾法鲁岛也是一片亮丽的风景。瓦宾法鲁岛以宁静和浪漫著称，在瓦宾法鲁岛上，时间仿佛是静止不动的。阳光虽然很灿烂，但是却不燥热；海风很轻柔，但是却有自己的力道。人们行走在瓦宾法鲁岛的沙滩上，会不约而同地很小心很小心，似乎怕惊动了什么，唯恐破坏这里宁静的感觉。这种特别的感受，是独一无二的。

还有距离米兰有一小时车程的意大利米兰科莫湖也是风景如画，《星球大战前传》的爱情戏场景就是在这里拍摄的。科莫湖是世界著名风景休闲度假胜地，位于阿尔卑斯山南麓的一个盆地中，被几座山包围并分割，总体呈 Y 字形，是一个狭长形湖泊。科莫湖以它的气候和繁茂的植被资源闻名，气候温暖、潮湿，这种气候促进了植物的繁茂生长。而且，即使是在初夏灼热的阳光下，科莫湖水也是冰冷刺骨的。国际上的一些著名的影片也多在此取景。湖边的一些很有历史价值和建筑艺术价值的别墅是其最吸引人的地方，而且每个房间的窗口几乎都是比例完美的画框，将清澈湖面的粼粼波光送到眼前，具有一种空灵的神韵。

这些地方都具有一片难得的美丽风景，是令人心驰神往的地方。然而，这并不是风景的全部面貌。风景大多是善变的，风景具有不同的侧面和变化过程。特别是随着工业化和经济全球化的推进，风景与人类活动密切相关，成为一个不可分割的整体。在人类活动的作用下，风景不再那么单纯地带给人们美的享受和体验，而是逐渐地变成了一个具有两面性的词汇。一方面，风景具有自然风景美丽的景致，另一方面风景还常常被人类活动破坏和污染，成为一幅悲惨的、刺痛心灵的画面。

环境污染，是由于人类活动对环境的破坏而造成的。在人类利用和改造环境的过程中，有些人类活动不合理、不科学，对一些自然景观无形中造成了极大的破坏。同时，人类活动对自然环境的作用催生了一批人造风景。这些人造风景，有的能够和自然环境和谐相处，体现出人文景观的景致和韵味。但是，有些人类活动过于追求经济利益和满足人类需要，而忽视人造景观对生态环境的影响，从而使得风景的欣赏和审美价值大打折扣，而且，还创造了很多不和谐、不恰当的人造风景。

虽然说生态系统具有一定的自动调节能力，风景也具有一定的自我修复能力，从而保证生态系统的平衡和动态稳定，但是生态系统的调节能力是极为有限的。如果人类活动对风景的破坏和污染超出了其调节能力，那么就会对生态环境造成极为不良的影响。比如，严重破坏植被造成沙漠化和沙尘天气。

其实，风景的这种两面性也就是说的人化自然的问题。自从人类出现以后，人类就开始以各种各样的形式通过自己的活动作用于自然，把天然的自然风景变为人化的自然风景。这就是一个人化自然的过程。

人化自然是马克思论述人与自然的关系时首先使用的术语，即客观的自然界不断进入人的活动的过程，客观世界对象化的过程，或者说，由于人的对象活动使越来越多的天然生态系统变为人工生态系统的过程。人化自然是人类活动改变了的自然界，即人工自然。随着人类社会的发展，人类的本质力量不断飞跃，自然界在越来越广泛的意义上成为人化自然，成为人工生态系统。

而且，人化自然体现了人的本质的自然对象或自然事物，即人们把自然材料变成了“人类意志驾驭自然的器官”，常常会根据自身需要而改变自然界。也就是说，人化自然是指人类实践手段所及从而改变了的那部分自然，包括人类直接影响到的自然、生态系统以及人类利用自然材料创造的人工自然物。当然，这其中最重要的影响就是人类活动对风景的影响。

因此，在经济发展的过程中，人与自然，人与风景越来越紧密地联系在一起。也正是因为这样，在欣赏风景的时候，我们越来越多地看到其中人类的足迹。

同时，人化自然是主体进步的表现，是对物化自然的扬弃，是自然人化的实现方式。人与自然统一的关键在于作为人类本质的社会性人类活动。在马克思文化自然思想中，人化自然表达了他的文化哲学思想中最核心的价值取向。

总之，风景中的人类行为使得风景变成了一个复杂的概念，使风景出现了不同于以往人们认识和了解的面貌。因此，人类活动对风景的影响是不容小觑的。

风景中的生态环境理念

风景在人们的生活中随处可见，正是各种各样的风景装点着这个五彩的世界，使得世界组成了一幅幅美丽的画卷展现在人们的面前。然而，并不是随便的一处景物都能称之为风景。风景是一个关乎生态环境的概念。能够成为人们真正悦心的风景是有条件的。

风景的存在和生态环境是密切相关的。所谓生态环境，其实是指影响人类生存与发展的水资源、土地资源、生物资源以及气候资源数量与质量的总称，是关系到社会和经济可持续发展的复合生态系统。生态环境是人们赖以生存和发展的根基，体现了人与自然相处的种种原则。

其中，生态系统一词是由英国生态学家（植物群落学家）亚瑟·乔治·坦斯利于1935年提出的。从含义上看，生态是指生物（原核生物、原生生物、动物、真菌、植物五大类）之间和生物与周围环境之间的相互联系、相互作用。而当代环境概念泛指地理环境，是围绕人类的自然现象总体，可分为自然环境、经济环境和社会文化环境。因此，当代环境科学是研究环境及其与人类的相互关系的综合性科学。

从字面上来看，生态环境包含生态和环境两个概念。一般来说，生态与环境是两个相对独立的概念，但两者又紧密联系、“水乳交融”、相互交织，因而出现了“生态环境”这个新概念。它是指生物及其生存繁衍的各种自然因素、条件的总和，是一个大系统，是由生态系统和环境系统中的各个“元素”共同组成。生态环境与自然环境在含义上十分相近，有时人们将其混用，但严格说来，生态环境并不等同于自然环境。自然环境的外延比较广，各种天然因素的总体都可以说是自然环境，但只有具有一定生态关系构成的系统整体才能称为生态环境。仅有非生物因素组成的整体，虽然可以称为自然环境，但并不能叫作生态环境。

可见，生态环境和自然环境还是有极大的区别的。在人类活动的过程中，各种各样的风景就是环境的一种，是自然环境的重要组成部分。而生态环境，是指人类活动中与人类关系密切的环境。

环境和人从来都是相互依存和相互作用的。尤其是随着工业化和经济全球化的推进，人类活动与环境的关系越来越紧密，人类活动也造就了各种各样的生态环境问题。生态环境问题是指人类为其自身生存和发展，在利用和改造自然的过程中，对生态环境破坏和污染所产生的危害人类生存的各种负反馈效应。

在经济发展的过程中，人们注重经济发展，大量开发工业，利用和改造风景，而往往忽视生态环境被破坏的问题，以至于引发众多的生态问题。比如，山坡地植被乱砍滥伐，致使当地遇上大雨时有严重的水土流失问题。而土壤流失在河川上游会造成山崩地滑，进而使水源不保，这也是有些地区“一雨成水灾，不雨成旱灾”的重要原因。所以，人类活动对生态环境的影响是不容小觑的，对风景的影响也是极大的。

自 20 世纪中期以来，随着科学技术的突飞猛进，人类以前所未有的速度创造着社会财富与物质文明，但同时也严重破坏着地球的生态环境和自然资源，如，由于人类无节制地乱砍滥伐，致使森林锐减，加剧了土地沙漠化、生物多样性减少、地球升温等一系列全球性的生态危机。这些严重的环境问题给人类敲响了警钟。目前世界各国已认识到生态恶化将严重影响人类的生存，不仅纷纷出台各种法律法规以保护生态环境和自然资源，而且开始思考如何谋求人类和自然的和谐统一。在这种背景下，生态环境的观念和环境伦理的观念得到迅速发展。

一般来说，在特定的生态系统演变过程中，当其发展到一定稳定阶段时，各种对立因素通过食物链的相互制约作用，使其物质循环和能量交换达到一个相对稳定的平衡状态，从而保持了生态环境的稳定和平衡。如果环境负载超过了生态系统所能承受的极限，就可能导致生态系统的弱化或衰竭。人是生态系统中最积极、最活跃的

因素，在人类社会的各个发展阶段，人类活动都会对生态环境产生影响。

特别是在人与风景的相互作用中，人对风景的不合理利用和开发，会对生态环境造成破坏。因此为了营造良好的生态环境，让风景保持良好的面貌，就要坚持人类活动与生态环境相协调。这是风景保护的潜在要求。一个亮丽风景的存在，必然要有良好的生态环境和科学合理的人类活动相搭配。相反，如果人类活动对风景随意利用、开发和破坏，那么亮丽的风景就会变得残破不堪，人造的“风景”将会给生态环境和人类生存带来极大的危害。所以，亮丽的风景蕴含着生态环境的要求，对人类行为作出了各种各样的约束和限制。

对此，在经济发展的过程中，人们应该坚持对风景的生态环境建设和生态环境保护并举，在加大生态环境建设力度的同时，必须坚持保护优先、预防为主、防治结合，彻底扭转一些边建设边破坏、先污染后治理的被动局面。坚持污染防治与生态环境保护并重才是最佳的方法。在人类对环境的各种作用中，应充分考虑区域和流域环境污染与生态环境破坏的相互影响和作用，坚持污染防治与生态环境保护统一规划，同步实施，把风景污染防治与生态环境保护有机结合起来，努力实现人与环境，人与自然的和谐统一。只有这样，风景才能真正成为人们心中一道亮丽的风景，人们对风景的各种行为，才能使风景变得越来越好，越来越具有吸引力，实现持续发展。

相反，如果作用于风景的人类活动，不注意有意识地保护生态环境，讲究生态系统的和谐和平衡，过度开发利用资源，破坏环境，那么就只能留下后患无穷的“人造风景”，给人类的生存和发展带来诸多问题。一般来说，人类活动对风景的作用力，大致体现在地理、人文、气象和生态几个大的方面。人类活动的对象也主要是这些领域的风景。如果人类活动不合理、不科学，那么这些方面的“风景”就会反作用于人类，让人类付出惨痛的代价。

其实，人是自然生态系统的一个重要组成部分，人类在利用自然、改造自然、创造人类文明的过程中，首先要做到尊重自然。要知道，人类的命运与生态系统中其他各种存在的命运是紧密相连、休戚相关的。所以，人类对自然的伤害实际上就是对自己的伤害，对自然的不尊重实际上就是对人类自己的不尊重。

第二章

满目疮痍的“地理风景”

大自然造物主的鬼斧神工总是令人惊叹。它创造了各种各样的或奇或险或秀或丽的地理风景。然而，随着工业化和经济全球化的推进，在人类活动的参与下，地理风景发生了不小的变化，有些甚至变得满目疮痍。而且，越来越多的不协调、不环保的地理风景出现在人们的面前，让我们不忍直视。下面，我们就来一起看一下人类活动创造的这些地理风景。

什么是“地理风景”

风景根据不同的划分标准可以分为不同的种类，其中对风景最为常规的划分就是地理意义上的，也就是地理风景。从地理的意义上划分，每个地方都有它不同的地理风景，很多时候，这些地理风景也成了这些地方的标志，因此也有不少人称之为地标性风景。

其实，地球的表面有着丰富多样的景观，既有山地、平原、河流、湖泊、海洋、森林、草原，也有农田、工厂、矿山、道路、建筑等景观。可以说，我们就生活在一个绚丽多姿的、充满各种各样风景的世界。

那么，具体来说，什么是地理风景呢？地理风景有哪些特点呢？下面，我们就一起走进地理风景，了解一下地理风景的风采。

所谓地理风景，是指四周为天然界线所围绕的、性质上与其他区域有区别的地球表面的区域。一般来说，地理风景以地理界线作为划分的标准，不同的地理界线往往有不同的风景。地理风景最大的特点就是风景之间的差异性。比如，有的地方是无垠的沙漠，有的地方是茫茫的草原，有的地方是一眼望不到边的森林，有的地方则是百花争艳的花海。

这就是刻在每个地方的印记，也正是这些不同的地理风景让人们把各个地方鲜明而深刻地印在脑海中。

同时，从大的区域划分来看，不同的区域也表现出极大的差异性。比如，当我国北方千里冰封、万里雪飘之时，南方依旧是郁郁葱葱的一片景象。这就是南北两地表现出来的不同的地理风景。当然，地理风景不仅仅在自然景观上存在差异，而且人文景观也各有自己的特色，比如各地的房屋建筑、人们的衣着服饰、饮食习惯以及出行娱乐方式等也大多因为地理区域的不同而有所差异。

另外，地理景观一般还可以分为区域性景观和类型性景观。所谓区域性景观是指按照不同的地理区域划分的景观，这也是最为通俗的意义上的地理景观。这种地理景观之间的差异和区别，往往是根据“地理区”、“省”、“地区”的划分而有所区别的。与区域性景观有所不同，类型性景观一般超出了常规的地理界线划分，而侧重于对景观类型本身的地域划分。也就是说，类型性景观常常会把地理景观划分为森林景观、草原景观、荒漠景观等景观类型。这类地理景观大多是由所属的景观类型出发，继而追寻其地理位置的。

但是，每个地理风景除了显而易见的差异性之外，还有内在的一致性。其一致性主要表现为性质和形态不同的各种要素和各种形态单位有机组合，有规律地分布在一定的地域上。景观作为一个整体而发展，景观的各个要素之间（如地形、土壤生物、水等）彼此

配合、呼应，共同构成一个完整的地理风景。

这些各具特色的地理风景在一定的地域内都是一个吸引人的亮丽风景。爱好旅游的人往往对这些地理风景情有独钟。

比如，土耳其的棉花堡就是一个绮丽的地理风景。从这个地方的名字中，我们能够大致想象出它的样子。著名的棉花堡原本称为帕穆克卡莱，位于土耳其西南部，因其满山被洁白的矿物质覆盖形似铺满棉花的城堡，被形象地称为棉花堡。看到这道地理风景，我们不得不惊叹大自然的鬼斧神工。

南极洲埃里伯斯火山的冰塔也是一个令人惊叹的地理风景。这个地理风景是现实版的冰火两重天。南极是苦寒之地，温度可达到零下数十度。但是，埃里伯斯火山的冰塔却时有火山喷发，可以说一半是火焰一半是冰川。

美国内华达州的黑岩沙漠间歇喷泉也不逊色，这道风景如同一个梦幻中的画面。未曾亲眼见过的人会认为这道地理景观恐怕只能在外星或者科幻大片中才能看到，但是美国内华达州的黑岩沙漠却真实地存在着。这个景观的形成过程有部分是出于人为原因：1916 年，当地农民挖掘水源时挖到了地下热水蓄水层，使地下水涌出地面而泛滥；到了 20 世纪 60 年代，间歇喷泉自己开始喷涌，且水流连续不断。而黄石国家公园的间歇喷泉却是水流喷出之后又重回流至地下，其喷涌和加热都有固定的时间节奏。其中，高高的锥形喷泉口是由于泉水喷出时所携带的矿物质硬化累积而成，目前仍在继续累积升高。

我们不得不惊叹于大自然的神奇。美国新墨西哥州的帐篷式山峰就是一个独特的地理风景。

除此之外，阿根廷的月亮谷是大自然的又一杰出的地理风景。这道风景位于伊斯奇瓜拉斯托自然公园，该公园地处阿根廷中部的沙漠地带，沙漠的湖泊和沼泽中有大量的植物化石，一部分已经成为煤层，其他化石则完好地保留了植物的原本形状、脉络和纹理。在沉积物中最常见的是火山岩灰层，加上伊斯奇瓜拉斯托土地干燥，表面崎岖不平，因此人们称之为“月亮谷”。

我国的丹霞地貌也是一个比较典型的地理景观。甘肃张掖丹霞地貌在中国丹霞地貌中比较典型，是该地区微红色的岩石被不断地侵蚀而形成的一种特殊地貌。

除了丹霞地貌，喀斯特地貌也是非常令人惊叹的。云南石林是喀斯特地貌的典型代表，是石灰岩不断遭到流水侵蚀而形成的地貌。湖南地区的五陵岩也是一个喀斯特地貌，这里有壮阔的瀑布以及亚洲地区最大的石灰岩洞。

巴西马托格罗索国家公园的魔井也是一个美得让人不能错过的风景。魔井不是井，是巴西马托格罗索国家公园中的一个塌陷湖。湖水清澈，湖底的石头以及古老的树干一览无余。当太阳透过缝隙投射到湖面时，湖面上会显现出一片美得摄人心魄的蓝，如此纯粹。

玻利维亚的乌尤尼盐沼，被称为“天空之镜”，也是非常纯美的。每年冬季，它被雨水注满，形成一个浅湖；而每年夏季，湖水则干涸，留下一层以盐为主的矿物硬壳，中部达 6 米厚。人们可以驾车驶越湖面。尤其是在雨后，湖面像镜子一样，反射着好似不是地球上的，美丽得令人窒息的天空景色。

这些地理景观，常常让我们不敢相信自己的眼睛。但是，它们确确实实地存在着。这就是大自然造物主的神奇之处。然而除此之外，还有一些地理风景是人造的。这些人造的地理风景有的时候是人们有意识的行为，有的是人们的不合理、不科学行为在不知不觉中造成的。

其中，人造的这些地理风景，有的遵循了生态环境的要求，有的却忽视了这些，而过于注重经济利益的满足。特别是随着工业化和经济全球化的发展和推进，人类活动越来越活跃，人们对地理风景的改变的程度也越来越大。而人类不合理、不科学的人类活动则使原本美好的地理风景遭受极大的破坏，使得本来脆弱的地理风景走到了危险的边缘。对于这部分人造风景，其危害性是不容小觑的。它不仅破坏了地理风景的面貌，而且还给生态环境、地貌形态造成极大的破坏。因此，在人类活动的过程中，我们一定要科学理智地安排自我的活动，做到开发地理风景和保护地理风景并重。

千沟万壑的黄土高坡

每个地方有每个地方不同的风景，这是这些地方独特的记忆和标志。同时，这些地理风景也常常让人记忆深刻，尤其是那独一无二的风貌往往会给人留下深刻的印象。因此，地域风景就是一个地区的名片，就像提到一提到千沟万壑、支离破碎，我们就会很轻易地联想到黄土高原。

那么，黄土高原的风景是怎样的呢？下面，我们就一起走进黄土高原，领略一下黄土高坡的景致。

黄土高原，是世界上黄土覆盖面积最大的高原，面积达 40 万平方公里。而黄土高原最让人记忆深刻的恐怕就是黄土和支离破碎的黄土地貌了。一般来说，黄土高原的黄土层在 50~80 米厚，最厚的地方可达 100~200 米。这样的景观是非常宏伟的。而且，从土壤的属性来看，黄土颗粒细，土质松软，含有丰富的矿物质养分，有利于耕作，其中盆地和河谷农垦历史悠久，在某种程度上可以说是中国古代文化的摇篮。

那么，千沟万壑的黄土高坡是如何形成的呢？其实，黄土高原的支离破碎是由众多的原因造成的，其形成是一个复杂的过程。具体来说，大致有以下几个方面的原因。

1. 黄土的特点导致水土流失

黄土高原支离破碎的地貌和黄土本身的特点是分不开的。黄土为颗粒细小的土壤，质地疏松，具有直立性，属于粉沙壤土，有机质和黏粒的含量较低，因此，黏结土粒的作用大部分依靠黄土中的碳酸钙。而碳酸钙又极易溶解于雨水，因为雨水中含有碳酸，碳酸与碳酸钙发生化学反应而使碳酸钙溶解，失去黏结土粒的作用，因而造成黄土在雨水中容易分散和冲失的特性。加上黄土高原的坡度较大，就加剧了水土流失的力度，从而形成支离破碎的地貌形态。

2. 不容小觑的流水作用

黄土高原支离破碎的地貌形态最直接的形成作用力就是流水。黄土高原土壤疏松，坡度较大，植被稀少，夏季又多暴雨。而且，黄土高原地区属于温带季风气候，65%的雨水集中在夏季，降水强度大，往往一次暴雨量就占全年雨量的 30%，甚至更多。所以，流水对土壤的侵蚀作用是非常强烈的，哪怕是极为细小的小沟，伴随着暴雨的流水作用也会很快加深、加宽，沟谷会不断发展延长。就这样，一道一道的沟像无数利剑把黄土高原不断地切割、肢解。同时，黄土高原地壳还在不断地上升，河、沟还在不断地下切，这更加剧了这片高原的高低起伏、支离破碎。

当然，除了上面的两个客观原因之外，还有一个重要的原因，那就是人为因素。在黄土高原支离破碎的地貌形态形成的过程中，人为因素发挥了至关重要的作用。虽然，黄土高原沟壑纵横的地形特点与气候、植被、土壤等自然地理要素密切相关，但人类活动直接决定着这些地理要素的变化方向，使区域的特点发生变化。

大面积破坏植被，毁林开荒，扩大耕地以及过度放牧，会诱使或加剧黄土高原支离破碎的地貌形态。相反，积极地保护植被，科学合理地安排人类活动，就会使黄土高原的地貌保持一个良好的状态。

可见，长期以来的人类的不合理活动在很大程度上加重了黄土高原的水土流失，造成了黄土高原支离破碎的地貌形态。其实，史前时期，黄土高原在森林、草原的保护下，原面完整、生态和谐。大约5000年前，人类开始了改造高原的进程，无节制地伐木、垦荒，严重破坏了植被，完全改变了高原的面目，留下了“千沟万壑”的地貌。目前，只有高原中央还保留着较为完整宽阔的塬面。

人类不合理活动的危害性是不容小觑的，这种行为不仅对黄土高原的生态环境造成了极大的破坏，而且对黄土高原的水土流失情况也具有极大的危险性。

具体来说，黄土高原水土流失的危害性主要体现在

以下几个方面。

1. 泥沙淤积下游河床，威胁黄河防洪安全

黄土高原的水土流失会造成大量的泥沙沉积，该地区每年平均输入黄河的16亿吨泥沙中，约有4亿吨沉积在下游河床，致使河床每年抬高8~10厘米。目前，黄河河床平均高出两岸地面4~6米，其中河南开封市黄河河床高出市区13米，形成著名的“地上悬河”，直接威胁下游两岸人民的生命安全。

2. 影响水资源的有效利用

黄土高原地区水资源相对匮乏，水资源总量仅占全国的1/8，年降雨量只有200~700毫米，而蒸发量则高达300~1 800毫米。同时，为了减轻泥沙淤积造成的库存损失，每年需要200~300亿立方米的水用于冲沙入海，降低河床，使有限的水资源更趋紧张。

3. 制约了经济社会发展

严重的水土流失，减少了耕地，导致土壤肥力下降，粮食产量低而不稳。为了追求经济利益，人们不得不开荒种地，从而陷入“越穷越垦，越垦越穷”的恶性循环，严重制约了社会的经济发展。据调查发现，在国家“八七”扶贫计划的592个贫困县、8 000万人贫困人口中，该地区就有126个贫困县、2 300万贫困人口。经过多年的扶贫，目前仍有不少人尚未脱贫。

4. 恶化了生态环境

水土流失破坏了原有植被，恶化了生态环境，加剧了土地和小气候的干旱程度以及其他自然灾害的发生。据甘肃省18个县连续44年的资料，旱年或大旱年占38.6%，其他灾害年份占43.2%。严重的水土流失，造成大范围的地表裸露，极易形成沙漠，一遇大风，沙尘四起，形成沙

尘暴。历史上，由于地表植被破坏，形成沙漠，造成陕西北部的榆林城三次被迫搬迁。所以，水土流失使得黄土高原生态环境遭遇极大的挑战，沙漠化的危险一步步逼近。

可见，支离破碎的黄土高坡水土流失的危害性是不容小觑的。然而造成这种状况的重要原因就是人为因素。人类的不合理开发和过度利用才使得这个本来脆弱的风景更加具有危险性。因此，在人类发展的过程中，我们一定要懂得管制和约束自身的行为，善于科学发展，协调好人与自然之间的关系。只有这样，这道“地理风景”才能日益得到改善，才能把水土流失造成的危害降到最低。

充满风险的人工海岸

海岸是海洋和大陆的接触处，是经过波浪、潮汐、海流等作用形成的滨水地带。作为海洋和大陆的连接地带，海岸的生态价值和重要性是不言而喻的，而且良好的海岸也是一道亮丽的风景线。可是，随着人类活动的增加，人们出于经济发展的需要，造出了很多人工海岸。与天然的海岸相比，这种人造的海岸风景就不是那么友好了。

海岸、沙滩和阳光一直是人们在谈及海洋话题时最喜爱的风景。其中，海岸是组成这种风景的基础，也是重要的不可或缺的组成部分。作为海洋和陆地的交接地带，海岸无疑是人们在海边欣赏、嬉戏、玩耍的重要场所。沿着海岸，踩着软绵绵的沙滩，听着海水涌过来拍打着海岸的声音，总是能让人感觉非常沉静和满足。也正因为海岸独特的景致使它成了众人追捧的对象，成了人们最喜爱的游玩胜地。

比如，以阳光海滩著称的西班牙“太阳海岸”，2006 年接待了 900 多万游客，成为欧洲最受欢迎的旅游度假胜地之一；法国蓝色海岸的鼎鼎大名无人不知，这里是世界上最有魅力的沿海风景地带之一；位于澳大利亚东部中段、布里斯班以南的澳大利亚黄金海岸，由一段长约 42 公里、10 多个连续排列的优质沙滩组成，以沙滩为金色而得名，气候宜人，景色也十分令人着迷。同时，我国海南的椰树海岸也是一种不可多得的海洋风景，每年都有众多的游客对此流连忘返，一再地来此游玩。

另外，海岸带还是一个蕴藏着宝贵资源的宝藏。在这些广阔的海岸上，蕴藏着丰富的生物、矿产、能源、土地等自然资源。不仅如此，这里还有众多深邃的港湾，以及贯穿内陆的大小河流。而且，海岸不仅是国防的前哨，还是海陆交通的连接地，是人类经济活动频繁的地带。这里遍布着工业城市和海港。可见，海岸具有奇特的地貌特征，是一道具有极大吸引力的风景。

然而，随着科学技术和经济社会的发展，人们驾驭、改造和利用自然的能力也在不断地加强。再加上人们对海岸的喜爱以及海岸资源的丰富价值，人们慢慢地走上了填海造陆的道路，越来越多的人工海岸出现在人们的视野之中。

其实，所谓人工海岸，就是改变原有自然状态完全由人工建设的海岸。一般来说，人工海岸建设的规模大多比较大。而且，人工海岸根据人们对海岸的审美需求及其他方面的要求，大多环境优美，景致迷人，比如迪拜的人工海岸、人工填造出来的棕榈岛。

迪拜，作为一个旅游度假城市，最吸引人的就是灿烂的阳光、清澈的海水和细腻的海滩。在这里，太阳是慷慨的，一年四季都很灿烂。到了夏季，阳光的热情甚至有点儿让人消受不了。海水是一望无际的，清澈的，远处是蓝色，近岸处是诱人的绿色。至于海滩，原来的迪拜是不够用的，海岸线仅有 70 多公里。后来，迪拜为了增加海滩，开始人造海岸线。到目前，迪拜的海岸线已经长达1 000 多公里，增加了十几倍。增加出来的部分，大多是海滩。

人工填造出来的棕榈岛也是一个风景秀丽的地方。棕榈岛是世界上最大的陆地改造项目之一，岛屿绵延 12 平方公里，伸入阿拉伯湾 5.5 公里，由一个像棕榈树干形状的人工岛、17 个棕榈树形状的小岛以及围绕它们的环形防波岛三部分组成。其中的朱迈拉棕榈岛规模庞大，甚至从太空中都能看到。在这里，有 20 多家五星级宾馆，有大量的公共建筑和商业建筑，有2 000 多套别墅，每一套都有自己的私人海滩。

我国海洋自然条件优越，海洋资源丰富，海洋产业发展迅猛。我国沿海也不乏人工海岸。

我国早期较大规模的人工海岸建设与制盐业有关。我国制盐业的历史非常悠久，春秋战国时就有了在海边煮盐的活动。春秋战国时期，位于沿海的齐、吴等国都大力发展海盐业。不过，煮盐的生产方式对海岸的影响并不大。直到约 500 年前，明世宗嘉靖年间（公元 1522~1566 年），海水制盐业开始了海水晒盐的新阶段。这一盐业生

产方式的改革，导致了筑坝挡潮、拦蓄海水、修建潮水沟、盐池、道路等工程。自然的海岸面貌，从此发生了巨大的变化。渤海湾、莱州湾及苏北海岸上分布着我国最大的几个盐场。那里修起了拦海大坝，盐场海堤成为雄伟的人工海岸。

大规模的海水养殖业也使海岸的面貌发生了巨变。人们为了养虾养鱼，必须首先在潮滩上建起海堤和闸门，在堤内修建养虾池、养鱼池及供、排水工程。这些临海建起的长堤有几公里或数十公里长，宽达三米以上，可以行驶拖拉机及汽车。它们是我国近年来规模最为宏大的人工海岸。其总长度据估计有近1 000 公里。它标志着中国海水养殖业的发展和社会经济的巨大进步。

海港码头也是典型的人工海岸。海港工程包括防波堤、港池、泊位、码头、货场、仓库、道路等，这些就形成了港口海岸，原来的天然海岸就不复存在了。我国沿岸大小港口有数百个之多，港口工程海岸长度也有上百公里。钢筋水泥工程是港口海岸的典型特征。人工海岸在我国有悠久的历史。

新中国建立后，全国围垦海涂的面积达到1 000 多万亩。围垦海涂就是在海涂的外缘修筑堤坝，把坝内的海水排干，并引谈水冲洗土中盐分，土中盐度逐渐降低，使其成为良田。围垦海涂的大坝的建成，就标志着新的海岸线的诞生。为工业用地和城建用地而围海也要先修建拦海大坝，形成人工海岸。

愈演愈烈的人工海岸建设，虽然获得了港口资源和临港工业用地，但是也使海岸的生态系统遭到极大的破坏。那么，人工海岸这道人造的风景都有哪些弊端和负面效应呢？具体来说，主要有以下几个方面。

1. 影响海岸的生态系统平衡

众所周知，自然海岸线是生态系统的一个重要组成部分，其本身承载着许多自然生态功能，这是人工海岸线所不能替代的。自然海岸线对一片海域乃至一个地区的可持续发展都至关重要。而且还有不少的海岸聚集了钢铁、石化等众多重工业，这对海岸资源和沿海生态的影响是不容小觑的。长此以往，海岸的高度工业化将会使白色的沙滩、成片的红树林等景观永远消失。据 2011 年《中国海洋发展报告》披露，沿海港口发展和临港工业基本都是靠围、填海形成，“在地方短期利益驱动下，正在形成对岸线盲目抢占、低值利用的局面”。不仅如此，据不完全统计，我国大陆沿海有超过一半的海岸线已经人工化。而且，过度捕捞导致近海渔业资源急剧衰减。所以，不加节制的人工海岸建设给海岸的生态系统和海岸资源造成了极大的破坏。

2. 破坏了海洋的景观价值

沿海地区大多为丘陵地带，延伸到海域就是沿海的岛屿和海礁，这原本都是大自然的造化，赋予了海岸和海岛景观的丰富多样性。而现在这种填海造田然后再进行工程建设的做法使得海岸越来越深地打上了工业化的烙印。显然，这种开发方式破坏了海洋的景观价值，这些人造的风景虽然满足人们经济利益的需求，但是却违背了自然发展的规律。

其实，海洋资源不仅能为人类带来可观的经济价值，更承载了丰富的人文价值和景观价值。面对海洋，人们会有赏心悦目之感，这就是海洋资源的景观价值。相反，以经济利益为出发点，大规模地人工建设海岸，极大地破坏了这种自然的美感。

3. 破坏了海岸资源的可持续发展

目前，人工海岸的建设使得海岸资源的可持续性遭到极大的破坏。

因为，很多海洋开发利用活动都是对资源的低水平消耗，很多项目开发者只重视短期效益，而不考虑海洋生态系统本身的承载能力。特别是一些欠发达地区，只要有投资、有经济利益，就盲目跟进项目。其实，这是对海岸资源的一种“蚕食政策”，它会一点点地把海洋资源消耗掉，以至于还没等到海洋资源达到最大效益的时候，就面临着海洋已经被污染、被破坏的困境。因此，人工海岸的大规模建设和不合理开发使得海岸的可持续利用面临危机。

可见，人工海岸这道人造的风景看似环境优美、风光秀丽，也取得了极大的经济效益，虽然在一定程度上满足了人们的经济需求，可是却潜藏着极大的风险，有着各种各样的弊端和不利之处。要有效地改善这一状况，就要注重保护国土资源的多样性和海洋资源的多样性，设置“用海红线”。而且，在对海洋资源进行开发建设的过程中，我们一定要注意减少制造这些不良的风景的做法，保护海洋海岸资源。

伤痕累累的尼日尔三角洲

尼日尔河三角洲在西非尼日利亚南部，由尼日尔河冲击形成，有着丰富的石油、天然气资源，是重要的石油产区。按照常理来说，拥有丰富的石油、天然气资源，能够极大地拉动当地的经济水平，推动经济发展的进程，然而它却仍旧没有摆脱破败贫穷的面貌。

对于尼日尔河三角洲来说，它拥有一个崛起故事的所有要素：贫穷的状况、丰富的资源储备。从资源上讲，尼日尔河三角洲确实是自然的瑰宝、大地的宠儿，它拥有丰富的石油、天然气资源。而且，作为世界第三大湿地，也被誉为最富饶的湿地，三角洲的生物物种极为多样，是大量水产物种和陆地动植物的天堂。同时，非洲最大的红树林也生长在三角洲数千平方公里广阔的沼泽地上，其经济价值毋庸置疑。不仅如此，该地区盛产棕榈油、橡胶和可可等经济作物，大米等粮食作物，以及菠萝、橘子、酸橙和香蕉等热带水果，沿海地区出产的海产品占据国内大部分市场。

然而，尼日尔河三角洲最丰富的就要数石油资源了，上面所述的资源和蕴藏在地下的石油比起来就不值一提了。据现有资料显示，尼日利亚探明的石油储量为358亿桶，列世界第九位、非洲第二位。而且，随着石油资源开发的深入，尤其是对深海油田勘探的不断推进，储量很可能还会继续看涨。尼日利亚的石油几乎全部埋藏在尼日尔河三角洲的地底和海洋深处，总储量占全国95%以上。更为重要的是，这里的石油属于“轻甜”石油，流动性强且含硫量低，能够轻易地炼制出汽油和柴油，深受世界各地主顾的青睐，成为人人渴求的“液体黄金”。

20世纪70年代，尼日利亚政府成立了管理全国石油资源的石油资源局、国家石油公司，与跨国石油公司合作开发，主要是采取合资经营形式，由国家石油公司控股，外国公司作业，共同攫

取尼日尔河三角洲的石油财富。石油开采的速度极为迅猛，20 世纪 90 年代早期，尼日尔河三角洲已有 349 个油井、22 个集油站、1 个中转油库；20 世纪 90 年代中期，油井数量增加到1 500 个，中转油库 3 个，铺设有大约 1 万公里的管线；到了 2007 年的时候，油井数量已达 5 428 个，集油站为 275 个，并建成了 10 个出口油库、4 个炼油厂。目前，尼日利亚日产原油约 230 万~250 万桶，在石油输出国组织（OPEC）成员国中排名第五，居非洲首位。

可见，尼日尔河三角洲的石油储备是极大的。而且，尼日尔河三角洲丰富的石油储备对整个国家经济来说可谓是居功至伟。自从 1956 年，从奥洛伊比喷涌出第一桶石油后，尼日尔河三角洲在国家中的经济地位与日俱增，国民经济比重从 1959 年的 0.1%飙升到 1967 年的 87%，目前仍占据着 40%的国民生产总值以及 95%的外贸收入。石油产品给尼日利亚带来了巨额财富，1958~2007 年间，通过原油给国家换回4 500 亿美元的收入。

从法律和道义上来说，当地人民理应获得相当的回报。但事与愿违，石油不仅没有给尼日尔河三角洲带来福音，却成为人们挥之不去的噩梦。

数年的石油开采给尼日尔河三角洲带来的不是经济的腾飞和面貌的焕然一新。相反，它却使得尼日尔河三角洲伤痕累累。

在尼日尔河三角洲奥洛伊比村一个废弃的油井旁立着块锈迹斑斑的牌子，上面写着：“一号井，1956 年钻探，深度 1.2 万英尺（1 英尺≈0.3 米）。”这个看起来毫不起眼的石油工业遗迹在尼日利亚石油史上却具有里程碑式的意义。正是这里攫取的第一桶原油开启了该国石油商业化的进程。石油开采之前，奥洛伊比不足 500 人，而在鼎盛时期（20 世纪 60 年代），这里车水马龙、熙熙攘攘，人口达 1 万，昭示着石油时代一夕

“繁荣”的神话。但石油榨干后，它迅速被无情地抛弃，归于沉寂。

如今这里的居民不足1 000 人，住在最简陋的贫民窟中惨淡度日，没有电、没有道路，更别说学校、医院等设施了；而且周遭的环境因为石油开采而面目全非，传统的生活方式也被彻底地割裂，前途渺茫，后无退路。奥洛伊比是尼日尔河三角洲的一个符号和缩影。

尼日利亚的石油枢纽、河流州首府——哈科特港也不例外。它端端正正地坐落在三角洲的中央，下面蕴藏着比美国和墨西哥加在一起还要多的石油储量。按常理来说，哈科特港本该是光鲜气派，一派繁荣之景，但事实却恰好相反。密密麻麻、到处堆满垃圾的贫民窟绵延数公里；令人窒息的黑烟从一座露天屠宰场冒出，在房顶上翻滚；街道坑坑洼洼，满是车辙；流氓团伙在校园里游荡；小贩和乞丐蜂拥围住排队加油的车辆。

在这片三角洲上，小溪、河流和输油管像血脉一般分布着。这片本该繁盛的三角洲却更似一个幽冥世界。紧邻着河岸的村庄和小镇破败不堪。所谓村镇，其实只有一片土墙茅舍和锈痕斑斑的棚屋。一群群饥饿的半裸儿童和面色阴沉、无所事事的成人在土路上晃悠。渔网干晾着，独木舟兀自横在泥泞的岸边。几十年来，频发的石油泄漏事故、天然气火焰、产生的酸雨、为铺设管道而对红树林进行的砍伐，已经灭绝了鱼群，而鱼类又是这里居民的主要蛋白质食物来源。

当世界上其他国家或地区的人们担心石油供应的时候，尼日尔三角洲的居民却在为获得安全饮用水和基本卫生条件而奋斗。在尼日尔三角洲，原油的泄漏是经常的事情，据不完全统计，1976~2001 年间，该三角洲共有 6800 余次原油泄漏事件。自从尼日尔三角洲采油以来，共有900 万~1 200 万桶油泄漏到这片土地上。饮用水问题已经成为尼日尔的重要问题，人们很难从河流中直接获得清洁饮用水，只有一些很深的井才有可能。这是一个难以解决的环境污染问题，河流上游的人们可以从河中直接取水使用，河水是清洁的，但在尼日尔三角洲却并非如此，因为一滴石油可以让 25 升水变得不能饮用。人们每天都只能饮用石油污染过的水和用石油污染过的水洗澡。

同时，更为严重的是，贫穷的尼日河三角洲社会动荡，暴力猖獗。根据联合国开发计划署的调查，仅在巴耶尔萨、三角洲与河流三州（产油的核心地带），至今已爆发过至少 120~150 次极度危险的冲突。长期的冲突导致该地区产生了血腥的暴力文化，暴力成为人们日常生活的一部分。心怀不满的年轻人拉帮结派，破坏石油设施，绑架、杀害外国石油工人，甚至故意破坏输油管道，以为只要石油流进小溪，村子就能获得大笔赔偿。特别是 2006 年以来，三角洲的武装分子开始频繁绑架外国石油公司的石油工人和技术专家，以索要赎金，使该地区的动荡局势进一步加剧。一系列的暴力活动，也严重干扰了石油开采工作，据尼日利亚国家石油公司统计，1998~2003 年，每年有 400 起针对石油设施的破坏活动；1999~2005 年，国家因各种冲突而导致的石油收入损失总量达 68 亿美元。而这些冲突和暴力活动皆因石油而起。

综观尼日尔河三角洲，石油的存在不仅不是一种福音反而是一种高危因素。人们在“石油开采—环境恶化—人民贫困—暴力反抗—悲剧上演”的恶性循环中深受其害。尼日尔河三角洲地区采了半个世纪的石油，却未能使人们过上好日子。相反地，老百姓却越来越穷，越来越绝望。

石油开采，往往对环境造成无法挽回的破坏。石油管道破裂也会导致原油泄漏，使数百万桶原油流入尼日尔河三角洲地区，污染当地的土壤、河流和近海水域，以至于周围的居民甚至连日常生活必需的干净水都无法喝上；而且这些泄漏的石油经常会自燃起火，将大片农作物和森林化为灰烬，对空气、土壤、河流造成污染；开采原油过程而伴生的天然气空放燃烧，也严重污染了当地空气。在石油开采之前，人们依附于上天赐给的自然生态，过着“靠山吃山靠水吃水”的生活，大部分百姓是农民、渔民和猎人。但如今，他们的小溪、湖泊、土地、庄稼被毁于一旦，无法从事传统的农业、渔业和狩猎活动，生计难以维持。

其实，尼日尔河三角洲完全是一道人造的“地理风景”。然而，这道风景不是繁盛而是破败。之所以会造成这样的状况，就是因为人们在开采石油的时候只是着眼于短期效益，无视生态影响，忽视对环境的监管。这种竭泽而渔的资源开采和利用方式，不仅不能助推经济的腾飞，反而会污染环境、破坏生态。也正是因为这样，尼日尔河三角洲一直受到冲突和贫穷的困扰，不断地上演生态灾难。

残喘的亚马孙雨林

亚马孙热带雨林，位于南美洲的亚马孙盆地，占据了世界雨林面积的一半，是全球最大及物种最多的热带雨林。而且，亚马孙雨林以其丰富生物资源和原生态的自然环境，与亚马孙河一起构成了巴西最为壮观的风景线。但是，亚马孙雨林在经济发展的过程中，尤其是在全球工业化的推动下，也出现了一定的危机，面临着一系列的压力和挑战，给雄伟壮观的雨林风景蒙上了一层阴影。

亚马孙热带雨林占地 700 万平方公里，横越 8 个国家：巴西、哥伦比亚、秘鲁、委内瑞拉、厄瓜多尔、玻利维亚、圭亚那及苏里南。亚马孙雨林由东面的大西洋沿岸（林宽 320 公里）延伸到低地与安第斯山脉山麓丘陵相接处，形成一条林带，逐渐拓宽至 1 900 公里。雨林异常宽广，而且连绵不断，反映出该地气候特点是多雨、潮湿及普遍高温。

亚马孙河是一道亮丽的风景线。在长度上，它虽然不是世界第一位，但是其流量和流域面积却是世界最大的。亚马孙河就像是贯穿在亚马孙雨林的一道游览长廊，使得亚马孙雨林增色不少。

同时，亚马孙热带雨林蕴藏着世界上最丰富多样的生物资源，昆虫、植物、鸟类及其他生物种类多达数百万种，其中许多至今尚无记载。在繁茂的植物中有各类树种，包括香桃木、月桂类、棕榈、金合欢、黄檀木、巴西果及橡胶树等。桃花心木与亚马孙雪松可做优质木材。主要野生动物有美洲虎、海牛、貘、红鹿、水豚和许多啮齿动物，还有多种猴类，有“世界动植物王国”之称，也因为面积占全球雨林的一半，所以又被称为“地球之肺”。

亚马孙雨林的生物多样化是相当出色的，这里聚集了 250 万种昆虫，上万种植物和大约2 000 种鸟类和哺乳动物，生活着全世界鸟类总数的五分之一。有的专家估计每平方公里内大约有超过 7.5 万种的树木，15 万种高等植物，包括有 9 万吨的植物生物量。不仅如此，科学家还指出，单单在巴西已约有 9.6 万~12.9 万种无脊椎动物。毫不夸张地说，亚马孙雨林是全世界最大的动物及植物生境。全世界五分之一的雀鸟都居住于亚马孙雨林。目前，大约有 43.8 万种有经济及社会利益的植物发现于亚马孙雨林，当然还有更多的生物品种有待进一步的发现及分类。

另外，亚马孙热带雨林作为世界上最大的雨林，具有相当重要的生态学意义，它的生物量足以吸收大量的二氧化碳，对于全球的气候有极大的调节作用。

可见，亚马孙雨林有着极大的生态和景观价值，是一道十分吸引人的风景。它令人叹为观止的雄美和多姿多彩常常令无数人为之倾倒。同时，亚马孙雨林也常常被称为全球最美、最值得游览的雨林。而且，据香港《文汇报》报道，“世界新七大奇迹”基金会公布的“世界新七大自然景观”初步名单中，亚马孙雨林就在其中。所以，亚马孙雨林的美是大自然伟大的杰作，是其他风景难以媲美的。

然而，这片原始、天然的雨林风景，在经济全球化和工业化的进程中却遭遇了极大的厄运，正处在危险的边缘，在气候变化和人类活动的影响下遭到了严重的破坏，出现一系列的生态环境问题。尤其是人类活动，对亚马孙流域产生了极为不良的影响。

20世纪以来，巴西迅速增长的人口定居在亚马孙热带雨林的各主要地区。为了经济以及生活需要，居住在这里的人们伐林取木或开辟牧场及农田，长此以往，使得雨林的面积急剧减少。

巴西亚马孙热带雨林研究所的2011年度亚马孙热带雨林保护计划指出：“由于人为因素，从2003年8月到2010年的8月，巴西亚马孙地区的热带雨林减少了约20万平方公里，接近10个巴尔巴尼亚的国土面积，而与400年前相比，亚马孙热带雨林的面积整整减

少了一半。”同年，巴西环境部长玛丽娜·席尔瓦在世界雨林保护大会上呼吁：“人类应该积极保护亚马孙热带雨林，当前雨林的减少速度相当于每分钟 6 个足球场大。”同时，据巴西政府统计，外国的木材公司每天平均砍伐林木 100 万棵，数以万计的热带雨林被当作商品而消耗，人们正在无节制地挥霍着宝贵的财富。

人类活动对亚马孙流域的破坏是十分严重的。亚马孙雨林面积的急剧减少是十分危险的，它直接关系着整个生物界的生态平衡。

根据美国地质学杂志的地质学分析，“如果继续无节制地破坏亚马孙热带雨林，到 2020 年，亚马孙热带雨林将达到退化的临界点，水土流失将达到最强级别，泥石流等自然灾害将会更加频繁，并且每年将有超过 0.3 万平方公里土地的 20 厘米厚的表土被冲入大海”。由于热带雨林被砍伐，这里每天都至少消失一个物种。根据美国科学探索类杂志的预测，“随着热带雨林的减少，十年后，至少将有 50 万~80 万种动物灭绝”。这对亚马孙雨林乃至全球生态系统都是一个巨大打击。据调查发现，仅仅是巴西，1900 年就有超过 90 个原住民部落被殖民者摧毁，数百年来积累的雨林物种和医学价值知识也随之消亡。由于领土持续受森林砍伐及生态破坏的影响，比如秘鲁亚马孙，本土的部族不断地消失。

而且，亚马孙雨林面积的锐减对全球气候也会产生一定的影响。在 2004 年的一次会议上，科学家就警告人们雨林已经不能够维持以往每年吸收以百万吨计的温室气体，原因就是亚马孙雨林遭受到的破坏正在加剧。据调查，仅仅在 2003 年，就已经有 9 196 平方英里（1 英里=1.61 公里）的雨林被砍伐。2011 年，据环保专家统计，日益减少的热带雨林正在加速全球变暖的步伐，并且人类赖以生存的氧气已经减少了三分之一。

砍伐树木、采矿、农作物种植和牛肉生产导致亚马孙雨林的破坏。

估计到2030年，该地区可能会有近60%的森林被扫平或遭到严重毁坏。这种破坏对于亚马孙雨林的危害是不容小觑的。其中比较明显的表现，就是随着亚马孙雨林的急剧减少，该地区干旱的纪录不断被刷新，越来越受到干旱天气的威胁。这片面积巨大的热带雨林就相当于一个大自然的总调度室，它能够保证该地区足够的湿润和有足够的降水。然而，在人类活动的参与下，随着亚马孙雨林面积的急剧减少，它调节气候和环境的能力也大打折扣。

可见，由于大量砍伐森林，不仅导致亚马孙地区干旱，生物多样性遭到破坏，而且还对全球气候带来灾难性的影响。

总之，造成这一切的罪魁祸首就是不合理、不科学的人类活动。也正是人类的这种大肆砍伐，造成了苟延残喘而充满危机的雨林现状。因此，在改造自然和利用自然的时候，一定要注重资源的可持续利用和生态环境的保护，只有这样，人类活动才会不断地创造宜人的风景，而不是给人类自身制造危机。

第三章

披着伪装的“人文风景”

在日常生活中，人们常常在自然景观的基础上添加一定的文化特质和人类观念，使之成为人文风景。但是，在人文风景构造的过程中，也需要与自然、环境和人类自身的和谐统一、相得益彰，过多注重人的主张而忽视环境生态的要求，无疑是一个败笔。尤其是在城市规划和建设的过程中，人文风景更应该注重健康、绿色、宜居、生态的理念。否则，风景就成为一件披着伪装的摆设，看似光鲜却让人“食之无味”，望而却步。

什么是人文风景

在风景的大家族中，除了令人触目惊心的“地理风景”之外，还有人文风景。人文风景又被称为文化景观，是指在日常生活中，人们为了满足一些物质和精神等方面的需要，在自然景观的基础上，添加了文化特质而构成的风景。人文风景最主要的体现即聚落，包括服饰、建筑、音乐等。人文风景还包括历史古迹、古典园林、城镇和产业风光等。

在这些人文风景中，人们不仅仅能够欣赏到风景的固有属性，还能够从中领略到人类活动的痕迹，体会到该人文景观所传递的人文思想和观念。人们常说，风景是静默的。其实，风景也是一种语言。尤其是对人文风景而言，更是如此。在人文风景中的一个细节，很可能就蕴藏着一个故事。比如，布拉格的伏尔塔瓦河、英国汉普郡的温彻斯特大教堂、法国的科西嘉岛小村、埃及的吉萨金字塔等，这些都是风景优美且具有浓厚的人文气息的风景。在欣赏这些风景的时候，我们不仅能够体味到风景的魅力，还能够感受到人文的关怀和一定的人类观念和风格特点。

面对这些或雄伟壮观或清新自然的风景，人们都会被深深地吸引，惊叹人类的伟大。

同时，这些人文景观虽然多多少少有人类的痕迹，传递着人类的某种思想观念、审美标准，但也大都与自然山水结下了不解之缘。置身于这些人文景观之中，我们往往会惊叹人类活动与自然景观的相互烘托、相互映衬、相互交融，共同构成一个完美的整体，而且，在饱览自然风光的同时，还能够获得极大的人文美的享受和满足。

因此，相对于自然景观而言，人文景观更加富有韵味，也往往更能深入人们的内心，让人由衷地喜爱。而且，人文风景还往往具有浓郁的民族特色和长效性的观赏价值，它是人类有意识的创造物，是人类历史文化的结晶。所以，人文景观常常具有极大的魅力。那么，人文风景具体都有哪些特点呢？下面，我们就来一起看一下。

1. 包含着浓郁的人文因素

任何的人文景观，其出发点都是人，最终的目的也都是为人服务。因此，人类在创造各种人文景观的时候，总是自觉不自觉地把自身的意识、情感、意志、才能等本质力量融入其中，使得人文景观具有丰富的人性内涵。其实，人文景观的魅力很大程度上就是因为这个原因。

2. 积淀着深厚的历史文化内涵

从原始社会的文化遗址到近代文明社会的各种建筑景观，各朝各代所留下的书法、雕刻、绘画等再现的艺术景观，各民族所在地区创造的民俗文化景观等，都是人类文化的优秀成果，他们积淀着深厚的历史文化内涵。也正因为如此，人们在欣赏人文景观的时候往往能够获得更多的体验和感受，能够获得比自然景观更大的满足。

3. 人文景观大多与自然山水有不解之缘

人文景观虽然是人类活动和人类意志的体现，但是人文景观大都与自然山水结下了不解之缘。一般来说，自然景观因为人文环境的点缀、烘托而有了人文魅力和文化内涵，人文景观也因自然风光的陪衬而更加具有诗情画意。因此，人文景观也大都具有亲近自然的倾向。

4. 具有多种表现形式

人文景观具有多种多样的表现形式，具体来说，人文景观既可以是实物载体，像文物古迹，也可以是精神形式，像神话传说、民俗风情等。因此，人文景观的表现形式是多种多样的，而且不同的表现形式所表达和传达的韵味也是不一样的。

可见，人文景观是人类社会作用于自然的一种景观表现形式，是一个人与自然、人与环境相作用的产物，是人们眼前的一道亮丽的风景线。

然而，除了这种令人喜爱不已的人文景观外，还有一种人造痕迹过于明显的人造景观。这道人造的风景和一般的人文景观不同，它常常传递出的是人类行为中不和谐、不融洽、不科学的一面。尤其是在城市规划和建设之中，这种人造风景传递的大都是人类对自然的改造和征服，而忽视了人造景观的景观属性，对人文景观中的自然性、生态性缺乏一定的体现和反映。甚至，有些“人造风景”无视人文景观与自然景观的和谐，过度满足人的需求、体现人的意志。显然，在这种思路和观念主导下进行的城市规划和建设必然会出现各种各样的

问题。

尤其是随着工业化和经济全球化的发展，城市化的进程被快速推进，在经济快速发展的带动下，城市的建设和发展遇到了各种各样的问题。其中，最突出的问题就是人们在进行城市规划和建设以及推进城镇化的过程中，不注重生态城市的建设，而是一味地追求现代化、都市化，甚至忽视自然环境要求和生态保护，按照自我的意志和需求来建设人造风景。虽然这些人造风景看起来把城市装点成了一个五光十色的现代化都市，但是在无形中也让这道人造的风景成为各种城市问题的根源，继而引发一系列的连锁反应。

人类的成长和发展需要一个恰当的风景，这个风景要健康、绿色、宜居、生态。但是，在人类活动的参与下，人文风景如果不懂得节制和合理地把握其中的尺度，就会使得人文景观变质，甚至遭到自然和环境的惩罚。比如，在城市规划和建设中忽视与自然环境的和谐统一，过度体现和满足人的经济物质需求，那么城市的环境问题就会接踵而至。

其实，在建设人造风景的时候，一定不能背离人文风景的内涵和要求。其中，人文风景最为突出和重要的就是和谐美。所谓和谐美，是指人们借助亭台楼阁轩榭等建筑形式，遵循多样统一等原则，选择一定的区域，因地制宜地创造出景中之景，以协调和强化景观美。一般来说，和谐美包括物态和谐美以及心理和谐美两大方面。物态和谐美是指具体的实物建设要与自然环境协调统一，这是人文风景实现和谐美的重要方面和主要表现形式。

心理和谐美，是指由物态和谐美而产生的审美想象心理要与人的审美需求相统一。要达到这一点，就需要把自然景观和人文景观巧妙而协调地结合在一起，让审美者获得极大的心理美感，使之具有巨大的审美情绪吸引力。比如，人们借助《阿诗玛》的传说，在审美意念中，从冰冷僵硬的石林景观中幻化出楚楚动人的婀娜少女形象。这就是人们的主体心理与自然景物间和谐作用而产生出来的“象外之象、景外之景”的美感。

在工业化和城镇化的进程中，我们在进行城市规划与建设的时候，就要注重城市建设的和谐之美，也就是要把城市建设与自然环境和谐地统一起来。只有这样，这道人造的人文风景才能令人赏心悦目、乐在其中。否则，与自然环境的背离即使能够暂时满足人们的一时需求，但终究会带来一系列的城市问题，给人们的生活带来极为不好的影响。

城市需套上生态的帽子

在城市建设和发展的过程中，人们创造了一道又一道亮丽的风景。但是，随着工业化和城市化进程的推进，城市的发展也出现了一系列的问题，产生了一些不和谐、不适宜的“人造风景”。这些人造的风景使得城市的发展遭遇瓶颈。

城市问题实际上就是人、城市与自然生态系统相互作用过程中呈现出来的不平衡、不协调现象。这些不平衡、不协调的现象也就是在城市建设中的“人造风景”。

在城市化的初级阶段，城市在规划和建设的过程中，常常奉行“朴素的自然中心观”。也就是说，城市规划和建设要依附于自然，依据自然万物之间的运动变化、相互感应和谐来进行安排。这种城市建筑的理念，人们早在先秦时期就已经初步认识到了。可是随着经济的发展，人类思想和意识的发展，人类意志在城市建设中越来越打上深深的烙印。所以，“人类中心观”越来越成为近现代城市规划和建设的指导思想。然而，这种城市思想却潜藏着很多的问题。

“人类中心观”的城市规划和建设思想，是在城市的建设中以人类的活动和思想为主导，按照人类的需求和发展需要进行规划和设计。这种城市建设思路把城市与自然环境的匹配程度放在了次要位置。显然，这是一个片面盲目的城市建设观点。按照这种观点对城市进行规划和建设往往会给城市的自然环境和生态系统造成极大的破坏，有时即使看似短期获得了较大的收获，可是人们却在不知不觉中陷入了更为严重的生态环境危机，继而使城市的发展受到极大的限制和约束，甚至威胁着城市居民的生存和生活。

具体来说，由于城市是一个高度聚集的统一体，城市在规划和建设的时候如果忽视人与环境的协调造成的后果是非常严重的。首先，3%的土地居住着40%的地球人口，使得城市人口高度集中。在这样人口高度集中的城市中，城市的资源和环境承载能力都是有限的。但是，各种人类活动的高强度性，交通、能源消耗、生产生活活动，往往会给城市提出更高的要

求。如果城市的规划和建设不注重人与环境的协调统一，那么被忽视的环境因素就会极大地制约人类的活动，使得人类活动的强度稍微大一点儿就可能引发城市问题。

比如，2014年，深圳遭遇罕见暴雨引发城市内涝的问题就引发了人们的广泛关注。面对城市问题的暴露，我们不得不正视一个问题，那就是城市化进程的“低成本”必须加以改变，在城市规划和建设的过程中，不能过分追求地面城市的扩张，还要把城市建设与环境生态的契合度作为重要的标准。只有把城市规划和建设与生态环境结合在一起，城市健康才能更有活力，人类活动也才会有更大的空间。

然而，自工业革命以来，人们越来越热衷于对自然界的征服，很少有人认识到我们赖以生存的环境和城市条件随着这种工业文明的进程而逐渐恶化。

因此，在城市规划和建设的过程中，为了实现城市和人类的可持续发展，为人们营造更加健康、宜居、生态的都市环境，就一定要懂得给城市带上生态的帽子，用全面系统的生态学观点指导城市规划。这是解决城市问题，促进城市可持续发展的重要途径之一。

城镇化是现代化的必由之路，是破除城乡二元结构的重要依托。2014年的政府工作报告中，李克强总理提出推进以人为核心的新型城镇化。而且，李克强在报告中还提到要着重解决“三个1亿人”的问题，指引出了中国新城镇化的未来发展之路，即“促进约1亿农业转移人口落户城镇，改造约1亿人居住的城镇棚户区和城中村，引导约1亿人在中西部地区就近城镇化”。

然而，要实现这一目标，有效地避免城市问题，最重要的就是要注重城市的生态建设，树立起城市的生态化理念，打造生态城市建设。

生态学是由德国生物学家海克尔于 1866 年首次提出的。“生态城市”是联合国教科文组织发起的“人与生物圈计划”研究过程中提出的一个重要概念。其实，对于城市生态学最通俗的理解就是城市的规划与建设应该与自然、生态和谐融洽进行，要把生态理念贯彻在城市的发展过程之中。

同时，生态城市是一个经济发达、社会繁荣、人民安居乐业、生态良性循环四者保持高度和谐，城市环境及人居环境清洁、优美、舒适、安全，失业率低、社会保障体系完善，高新技术占主导地位，技术与自然达到充分融合，最大限度地发挥人的创造力和生产力，有利于提高城市文明程度的稳定、协调、持续发展的人工复合生态系统。

其中，在生态城市建设中，最突出的表现就是绿色建筑。

所谓绿色建筑是指在城市建设的过程中，注重对自然资源的有效利用，比如对太阳能、自然通风等加以充分利用，结合节能技术、材料循环利用等技术的建筑形式。在这一理念之下，城市建设不仅具有现代感，而且更加体现出生态宜居的和谐的方面。而且，绿色建筑将具有现代感的建筑与生态环境有机结合，将使用功能与生态环境有机结合，关注场景文化，提倡新建筑与古建筑的对话，建造花园城市、山水城市、生态城市和有灵魂的城市……成为新一代建筑师追求的建筑美学目标。

另外，生态城市更要立足环境的生态化表现。所谓环境的生态化表现，是指城市的发展以保护自然为基础，与环境的承载能力相协调。而且，自然环境及其演进过程将得到最大限度的保护，一切自然资源将得到充分合理的利用，开发建设活动始终保持在环境的承载能力之内，具有完整的基础设施和有效的自然保护措施。

随着经济的发展，建设具有良好生态环境的亲切、舒适、方便、美丽的个性化现代城市，已经成为世界建筑的潮流和趋势。因此，在城市规划的过程中，一定要强调生态性，强调经济、人口、资源、环境的协调发展，这是规划的核心所在。在城市建设的过程中，一定注重城市与环境、生态的和谐统一，从而打造一个真正宜居、环保和生态的风景线。这样，实现城市、人和环境三大要素的协调发展，就能保证社会进步和环境保护之间的关系，有效地解决城市问题。

城市人口的爆炸式增长

随着经济的高速发展，在工业化和城镇化的推动下，城市人口急剧增加，越来越多的人从乡村来到城市。他们不仅要远离贫穷落后的农村，还打算在城市里安家落户。再加上城市原来人口的快速增加，城市的人口“负荷”可以说是越来越重。城市人口爆炸式增长已经成为城市发展的重大难题。

匆匆忙忙的人流，密密麻麻的人群，在大中城市是一道见怪不怪的风景。拥挤、拥堵的场景几乎发生在大城市的每一天，这基本上已经成了大城市特有的节奏。然而这种人造的风景，已经使城市不堪重负，并由此出现了一系列的“城市病”。特别是在工业化和经济全球化的发展下，大量的人口在城市聚集，给城市带来一系列日益严重的问题。

首先，城市人口的急剧增加来自城市的人口增长。与计划经济时期不同，那时城市人口的增长主要是靠自然增长，而新时期，大规模的人口流动逐渐成为常态，其中大中城市就成了流动的重点。所以，“人海”成了每一个生活和工作在大中城市中的人时常能够欣赏到的“风景”。

各地统计数据显示，大多数的大中城市近年来人口数量都急剧增长。其中，在中国经济迅速腾飞、城市化快速推进的 30 多年间尤其突出。进入 21 世纪，我国城市化速度加快，使得流动人口在过去 10 年间增长了一倍。据有关统计，我国的流动人口在 2000 年还不足 1 亿人，2009 年已经到 2.11 亿人。其中从农村进入城市的人口达 1.57 亿，约占现在整个城市劳动力人口的一半。这个数字仍有在继续增长中。一年一度的越发紧张的“春运”和节假日巨大的往返人流，就是这一数字的生动体现。

但是，随着城市人口的急剧增加，城市的发展也面临着一系列的问题和挑战。尤其是在城市基础设施和公共服务没有完全跟上的情况下，交通、教育、医疗、保障性住房、公共安全等方面都面临巨大压力。

虽然，急剧增加的城市人口给城市的建设和发展做出了极大的贡献。但是，随着城市人口的急剧增加，人口与资源环境的矛盾也日益凸显，交通拥堵、教育资源不足、看病难等就是这一矛盾的突出表现。

若干年来，人口学家常常用“人口爆炸”一词来形容某些国家和地区人口的急剧增长及其危险性的后果。确实如此，城市人口的急剧增长已经成为发展中国家的第一号社会和经济问题，它不仅会导致发展资金和粮食的短缺、资源滥用、环境污染和人类本身素质的下降，而且造成失业人数增加、犯罪率上升，对社会稳定与安全构成潜在的危险。人口是劳动力的来源，又是物质产品的消费者。在一个特定的国家或地区，人口增长速度过快，超过该地区自然资源、经济实力、教育和其他服务设施以及创造就业能力的水平，就可能在经济、社会生活和环境保护等方面引起危机，使得社会发展停滞和倒退。因此，城市人口的急剧增长对城市的发展乃至整个国家的发展都是一个严峻的考验和挑战。

具体来说，人类的生存环境是多样的，人类的生存资源是必不可少的，人类的需求也是多方面的。大量的人口涌进城市，会使得城市功能面临极大压力，使得城市在繁重的压力下超负荷运转，以满足日益增长的人口需求。尤其是人们的生存资源，一旦供应短缺，每个人都会面临生存危机，给社会带来不安定因素。更为严重的是，这很可能会导致城市犯罪率的直线上升。

同时，城市人口的急剧增加也使得城市就业压力增大，就业矛盾越来越凸显。而且，随着大量的人口涌进城市，也会给城市造成一定的住房压力，推动住房价格居高不下。不仅如此，随迁子女的教育问题也给城市带来了一系列的问题，使得城市的教育资源面临极大的压力。

另外，城市人口的急剧增加，伴随着人的生活需求不断增加，城市的各项配套设施和基础设施也会遭遇问题。城市的道路、地下的排水排污系统、地上的垃圾处理，公共活动场所等也都需要扩容。据估计，一个城市如果增加一倍的人口，那么城市的各项配套设施也要增加一倍，相当于建设一座新城。可见，这给城市的发展造成了极大的压力和挑战。

那么，是什么因素导致

人口在大中城市聚集，给大中城市造成极大的压力和困扰呢？其实，归根究底，之所以大中城市能够吸引如此多的人流，就是因为地区经济发展不平衡，贫富差距大。城乡发展不平衡、公共资源分布不平衡，才使得人口向大城市集中。由此可见，城市人口的急剧增加以及由此而给城市带来的压力和挑战都是人类活动的结果，是人造的“风景”。

其实，从国际经验来看，大中城市人口的快速增加并非中国独有。据调查，在快速城市化的过程中，城市人口迅速向大中城市聚集是一种规律性现象。城市人口的规模增长可以创造更大的集聚经济效益，但也是希望和风险并存。人口过盛、能源短缺、失业率上升、环境污染等是很多国家在城市化过程中面临的问题。

东京是日本国的首都，是亚洲第一大城市，世界第二大城市。同时，它也是世界上人口最多的城市之一。人口约 1 322 万人（2012 年 9 月），相当于全日本的 1/10。2013 年 4 月，“世界城市区域研究”发布的第九届调查报告称，整个东京都会区（包括横滨、埼玉等周边城区相连的卫星城市）总人口高达3 700 万。这给资源、能源紧张的日本带来极大挑战。

新德里是印度共和国首都，是全国政治、经济和文化中心。据调查，新德里 2011 年人口约 1 337 万，整个德里市人口 1 637 万。2013 年 4 月“世界城市区域研究”发布的第九届调查报告称，世界大城市依照人口数排名，印度德里列第四位，2 282 万人。美国人口资料社发布的 2013 年世界人口数据报告显示，20 世纪 50 年代几乎还称不上是全球大城市的孟买和新德里，现在已跻身全世界人口最多的七大城市之列。而快速增长的城市人口给新德里带来了严重的负担，其中严重停电、交通瘫痪等状况时有发生，环境问题也越发突出和严重。

巴西圣保罗给人的印象是一派十分繁华的景象。从飞机上俯视这座南美洲现代化城市，高楼大厦鳞次栉比，宽阔的马路上车水马龙，全市6.4万条街道纵横交错，密如蛛网。但是，急剧增长的城市人口也给这座城市带来了极大的问题。据2011年数据，圣保罗包括近郊的全城人口2 039万，在都会区人口上居世界第八位，南半球第一位。这个无疑是巨大的数字，也给圣保罗的城市发展带来了极大的压力和环境问题。

墨西哥城是墨西哥合众国的首都，是全国的政治、经济、文化和交通中心。据统计，墨西哥城2008年人口1 980万，预计到2025年人口达到2 070万。

除此之外，印度加尔各答2010年人口1 560万，预计到2025年人口达到2 010万；孟加拉国达卡2010年人口1 460万，预计到2025年人口达到2 090万；巴基斯坦卡拉奇，2010年人口1 310万，预计到2025年人口达到1 810万。

这些急速增长的城市人口给城市的发展都带来了各种各样的问题和麻烦，使得城市的发展受到极大的限制和约束。因此，要有效地推动城市的进步和发展，就要注重城市规模的扩大，有计划、分阶段地科学进行。否则，这道人造的风景就会成为一个无形无影的凶器，给城市的发展以致命的打击和破坏。当然，对于我国来说，我们的城市化水平还处在较低的水平，我们要理性地看待城市急剧增长的人口，注重深度挖掘大中城市的承载能力、发展潜力。

道路越多，交通问题越少吗

随着工业化的发展和城市化的推进，城市的吸纳作用越来越明显，城市就是一个地区经济、政治、文化中心，大量的人口聚集在这里。然而，伴随着城市人口的集中，城市的交通问题也越来越凸显。尤其是一些大中城市，交通甚至已经成为城市居民感触最深、影响最大、抱怨最多的问题。这个问题得不到有效的解决和处理，必将成为制约城市经济发展和人民生活水平提高的瓶颈。

外出出行，拥挤的车流，熙熙攘攘的人群，这是一道人造的风景。然而，这道人造的风景并没有给人们带来多少美观和享受。相反，它带给人们的是时间的浪费、交通的拥堵和心情的暴躁易怒。特别是对于在大中城市的工作一族，每天的上下班成为他们一天中最为艰难的战斗。有时候，很短的一段路程，路况好的时候半小时能够轻松到达的，在工作日一个多小时可能都到不了。周末的时候情况也差不多，有时甚至比工作日更为紧张。这对生活在大中城市的人们来说，无疑是一种很揪心的无奈。看着这拥堵的道路，从路头排到路尾的车辆，很多简单的事情大都可能会成为一种奢侈，很多事情都可能会被极大地拖延。显然，这种情况是人类自身造成的，这是一道人造的风景。

曾几何时，人们向往在经济繁荣的大中城市居住和工作，这里有良好的教育、更多的发展机会，有更加完善的基础设施。但是，近些年来，随着城市经济的快速发展，大中城市的交通拥堵问题也是空前严重的。在城市的选择上，人们也用脚步作出了判断，其中，“逃离北、上、广”就是一个突出的表现。可见，大中城市的交通拥堵问题已经成为人们工作和生活的一大困扰。

不仅如此，城市交通拥堵的危害性也是不容小觑的。具体来说，其主要危害有以下几个方面。

1. 影响人们的生活质量

城市交通拥堵最直接的影响就是增加了城市居民的出行时间和成本。也就是说，在堵车的过程中，会浪费掉人们大量的时间和精力，从而增加生产生活的出行成本。不仅如此，出行成本的增加除了影响出行成本之外，还会影响一天的工作状态和工作效率，从而抑制人们的日常活动，使城市活力大打折扣，居民的生活质量、幸福指数也随之下降。因为，长时间的堵车会令人心情烦躁激动，容易发怒。这也是堵车的时候容易发生冲突或口角的重要原因。一大早，以这样的心情开端，工作效率是很难保证的，而且整个人的幸福感也会大大降低。

2. 导致事故的增多

交通拥堵会导致交通事故的发生，而交通事故的发生又会反过来加剧交通拥堵。生活在大中城市的人大都有这样的感受。出现交通拥挤的时候常常比较容易出现交通事故，尤其是在十字路口或

是拐弯的地方，而发生交通事故又会使交通状况一时陷入瘫痪。所以，交通事故和交通拥堵常常相伴而生，产生极大的危害。据相关统计，欧洲每年因交通事故造成的经济损失达500亿美元之多。

3. 造成环境污染

交通拥堵还会带来环境污染问题。在机动车数量迅速增长的过程中，交通对环境的污染也在不断增加，并且逐步成为城市环境质量恶化的主要污染源。根据伦敦20世纪90年代的检测报告，大气中74%的氮氧化物和一氧化碳来自汽车尾气排放。这些污染物也是造成我国大气污染的重要原因。堵车时如果不熄火，在低速状态下，汽车尾气排放量是正常行驶状态下的20~30倍。同时，交通拥挤导致车辆只能在低速状态行驶，频繁停车和启动不仅增加了汽车的能源消耗，也增加了尾气排放量，增加了噪声。

因此，城市交通拥堵带来的危害是极大的。它给人们的生产生活造成了极大的不良影响。那么，城市的交通拥堵问题是怎么产生和引发的呢？

其实，从城市的现状来看，城市容纳量和人口数量的矛盾是比较突出的。据调查，目前，全国32个百万人口以上的大城市中，有27个城市的人均道路面积已经低于全国平均水平；20世纪90年代中后期，上海等城市中心区50%的车道上高峰小时饱和度更是达到95%，全天饱和度超过70%，平均车速下降到10 km/h。也正是因为如此，交通问题已经日益引发各地政府的重视，并成为民众关心的焦点。面对交通拥堵的问题，或许有人会说，在城市中多建几条路不就行了吗？

显然，事情并没有那么简单，并不是说道路越多，交通问题就越少。道路交通拥挤是一个复杂的问题，关系到城市的建设和规划以及整个道路交通系统。虽然，许多城市的交通问题是通过局部路段、局部道路交叉口的拥挤堵塞反映出来的。但是，按照“脚痛医脚、头痛医头”的观念拓宽这些“问题道路”，或是在交叉口修建立交桥并不能解决根本问题。

比如，美国的城市道路建设中，美国城市里更宽的道路、立交在建成之初的确方便了人们的出行。但是，越来越多的事实表明，草率地选择多修路来解决城市交通问题，最终导致了美国城市里更为严重的交通构成失衡、交通拥挤及城市中心衰退等问题。可见，城市交通问题并不是仅仅由多几条道路或少几条道路引起的。而且，城市交通拥堵问题涉及多方面的原因，并不仅仅是修路能够解决的。

一般来说，交通拥挤是大中城市经济快速发展的标志和副产品。生活在大城市的居民应该具有大城市级的文明素质，自律交通行为，对于道路交通拥堵具有高度忍耐性。同时，全社会应注重交通安全，文明参与，创建和谐交通社会。因为，交通安全是交通系统运行水平的综合体现，社会各阶层应充分重视交通安全，文明参与交通，用安全的交通保障交通的畅通。否则，交通拥堵问题就很难得到良好的解决。生活中，我们常常会发现正是由于人们不良的“交通素质”和交通习惯造成或加剧了交通拥堵问题。

不文明的交通行为，如逆行、乱穿道路、闯红灯、频繁变道、越线行驶、占用紧急行车道等违法行为形成的交通秩序将杂乱无章、事故多发，是造成临时交通拥堵瓶颈的重大原因。也就是说，城市的交通参与者的交通文明和习惯在一定程度上决定了交通的拥堵状况。

而且，交通拥堵是城市规划、交通规划、运营组织管理和控制以及不文明的交通参与等因素综合作用的结果。交通拥堵是交通需求大于交通供给形成交通瓶颈的结果，交通瓶颈的形成来自城市规划。

在城市规划的过程中，大多数城市的道路发展是以旧城区为中心向外辐射的，形成典型的“树状”路网结构。它由主路为干，派生出多条仅服务于一点的支路。干路要为支路合流服务，同时又要担负商贸交易的功能，其效果就造成了源头广泛、合流集中，支路不足，干路爆满的交通拥堵问题。同时，由于干路往往是出入城市的基本通道，形成出入城的脖颈，如果拥挤堵塞发生在颈口，那么就不仅仅是城市干道交通的拥挤和堵塞，甚至极有可能导致大面积的交通瘫痪或半瘫痪状态。

加上，随着经济的发展，出行工具结构发生的变化，使得机动车的数量迅猛增长，道路资源的供应缺口日益拉大。尤其是对大中城市来说，人们的生活富裕，很多人都过着有房有车的生活，而且这一队伍的规模还在随着经济的持续高速发展而不断增加。这样，大中城市的汽车保有量迅速增加，而道路交通以及停车配套却跟不上节奏，从而无形中增加了交通运输的压力，导致交通状况持续恶化。因此，车多路少也是造成交通拥堵的重要原因。

另外，有不少大中城市的交通拥堵状况已经十分严重，而且主要呈现出以下两个特点。

（1）地点固定性。这些固定的交通拥堵地段包括：交通要道、商业集中区路段、红绿灯设置多的路段及行人较多穿行机动车道路段。

（2）时间规律性。很多城市市区发生交通拥堵主要是在以下几个时间段：每天的上下班高峰期，上下班车流、政务商务车流、旅游休闲车流同时集聚在相同的路段上；周末、黄金周期间出行车辆比平常增加。

总之，造成大中城市交通拥堵的原因是多方面的，但是不管怎样都是人类活动的结果，是一道人造的“风景”。然而，这种风景是令人厌烦的，对人们的生活和工作是有极大害处的。所以，人们在经济发展的过程中，一定要注重治理城市的拥堵问题，提高工作效率、改善生活质量。

要做到这一点，就需要科学的城市规划和建设，加强城市交通基础设施建设，规划建设高规格的城市道路交通系统，发展智能化交通。同时，因时因地制宜，以人为本地进行科学的交通管理也是非常重要的。另外，增强素质教育，促进队伍建设和全民良好的交通意识也不可忽视。而且，还需要注意的一点是，大力发展公共交通，减少机动车辆的出行总量也是治理和缓解城市交通拥堵的好方法。

喜忧参半的“不夜城”

随着人类社会生产力的迅猛发展，特别是自工业革命以来，科学技术的飞速发展给人类社会带来了巨大的物质财富。但同时，由此而造成的环境问题也日益严重，环境污染问题已经成为城市发展的瓶颈，成了近年来人们普遍关心的问题，并造成了许多“人造风景”。其中，比较明显的“人造风景”就是城市的光污染问题。

在城市建设和发展的过程中，由于科学技术的支撑，城市越来越被装点得现代化，而且这种现代化不仅体现在白天，城市的夜晚也是一道独特的风景线。曾几何时，城市夜晚的光亮程度代表着一座城市的发展程度。所以，很多时候，人们常常用某个城市的夜晚比其他城市的亮来说明该城市的发展程度。殊不知，这是城市在发展初期的发展表现，是一个阶段性过程。

1879年，爱迪生发明了电灯，最先给西方带来了“光明”，使得西方城市逐渐进入了光电时代，把西方城市的夜晚装点得亮如白昼。然而，在电灯发明的40年后，就有一些天文学家开始注意到光污染的问题。后来，又过了近半个世纪，也就是20世纪70~80年代，英国、德国、法国、瑞典等国家就开始为光污染立法。比如，美国成立了国际黑暗夜空协会，该协会专门和光污染作斗争；日本出台了光污染条例，其中冈山县规定，禁止使用探照灯向空中照射，违反者将受到处罚。

可见，经济发达国家经历了一个从亮到暗的过程。如今，外国大中城市的夜晚常常是比中国的要黑，比如墨尔本。这是一种生态的回归。所以，灯火辉煌不能代表城市的品位和等级，反而恰恰显露了城市的不和谐。因此，“光污染”这道人造的风景应该逐渐地得到改善和纠正，回归夜晚的本色才是合乎生态和环境的明智之举。

可是在中国，尤其是在一些大中城市，已经形成严重的光污染，而且有不少的城市还在用行政手段大力推进城市夜景照明亮化工程。殊不知，光污染这个隐形杀手正在破坏着城市的生态环境，危害着市民的健康。

比如居民区附近的酒店、商务楼等楼宇建筑，尤其是酒店，它们进入夜晚就成了光与色彩的代言人。酒店的楼顶、墙体、墙基处大多有一圈亮闪闪的装饰灯，酒店楼前广场上还分布着十几个强光探照灯，这些灯光使酒店显得富丽堂皇、豪华奢侈。可附近的居民却遭了殃，到了夜晚，关上窗，拉上窗帘，即便不开灯，也几乎能看清人脸的轮廓和五官，如果再加上睡眠不好，对如同白昼的夜晚简直就是难以忍受。面对这种情况，人们大多会给自家窗帘定做一套遮光布。在以前，遮光布主要是供给宾馆、酒店的，现在居家使用也越来越普遍。可见，光污染的问题已经越来越严重和突出了。

那么，什么是光污染呢？光污染有哪些危害呢？下面，我们就来一起看一下这道人造的“风景”。

与水污染、空气污染不同，光污染是指过强的光源影响了人们日常的生活和休息。但是，光污染不仅仅是指灯光污染，它还有多种多样的形式。一般来说，国际上把光污染分为三类，即人工白昼、白亮污染和彩光污染。

顾名思义，人工白昼就是指把夜晚制造成白昼的效果。城市的夜晚，霓虹灯、探照灯、聚光灯发出的耀眼夺目的光，广告牌、绿化灯、夜景照明灯打出的强光，往往会使黑夜如同白昼。一般来说，夜幕降临后，这些光闪烁夺目，令人眼花缭乱。有些强光束甚至直冲云霄，使得夜晚如同白天一样，即所谓人工白昼。

白亮污染，是指城市建筑物外墙上的玻璃幕墙、釉面砖墙、抛光大理石等建筑装饰品在阳光照射下发出刺眼、炫目的光。这种污染常常发生在炎热的夏季，夏季大楼上的玻璃幕墙往往会制造出又一轮“骄阳”，使得人们在炫目的光下过着“火热的生活”。

彩光污染，主要是指舞厅、夜总会里的黑光灯、旋转灯等闪烁彩色光源。这种光污染的影响范围相对要小得多。

在这三种光污染中，对城市居民和环境影响最为严重的是人工白昼。

当然，在城市发展的过程中，“光污染”这道人造的风景不管是对城市居民还是城市的生态环境都是极为有害的。具体来说，大致有以下几个方面。

1. 严重影响人的睡眠

根据人类进化的规律和长期的习惯，人类适宜日出而作，日落而息，身体里的“生物钟”跟着太阳走。天黑时，“生物钟”开始调节神经，使人渐入睡眠状态。在城市中，如果夜如白昼，“生物钟”就会受错误信号引导，让人难以安眠，从而导致白天工作效率低下。时间久了，还会影响人体健康。

2. 可能会间接导致孩子性早熟

儿童性早熟的发生率逐年升高，除了疾病等因素外，专家认为，光污染也可能是一个间接致病因素。根据专家所说，“大脑松果体囊肿、肥大或松果体瘤会导致儿童性早熟。”而松果体对光很敏感。因此，如果孩子睡觉时长期处于光亮的环境中，就会影响松果体甚至致其病变，从而导致性早熟现象的发生。

3. 对眼睛也有很大的伤害

专家研究发现，长时间在白亮污染环境下工作和生活的人，眼睛长期暴露于光污染环境中，视网膜和虹膜都会受到不同程度的损害，视力会急剧下降，白内障等眼病的发病率上升。而且，长期生活在白亮的环境下，还会使人头昏心烦，甚至出现食欲下降、情绪低落、身体乏力等类似神经衰弱的症状。尤其是对孩子来讲，光污染还会影响孩子的视力发育，使患近视的风险成倍增加。

4. 有一定致癌性

世界卫生组织下属的国际癌症研究机构研究显示，上夜班的女性和男性，乳腺癌和前列腺癌的发病率高于日常上班人群。这是因为夜间的灯光抑制了褪黑激素的分泌，而褪黑激素又能抑制肿瘤的产生。可见，长时间在白亮污染环境下工作和生活的人患癌症的概率会大很多。

5. 使阴阳失衡

中医认为，夜晚为阴，白天为阳。《黄帝内经》中说“阳入阴则寐，阳出阴则寤”，也就是说，到了夜晚要睡觉，天亮了阳气升发时要起床。但是，光污染造成人工白昼，使得身体节奏被打乱，这就会造成阴阳失衡混乱，时间久了就会引发身体疾病。

6. 对其他生物的影响也非常大

人工白昼还会伤害鸟类和昆虫，强光可能破坏昆虫在夜间的正常繁殖过程。在西方国家追求城市亮化的年代，人们发现鸟类、昆虫等小生物在夜间的光照下不再交配了，有些植物因为光照时间太长甚至不会开花。而且，据美国鸟类专家统计，每年都有很多候鸟因撞上高楼上的广告灯而死去。

除此之外，过度亮化也与低碳时代的需求背道而驰。因此，灯火辉煌的人造风景并不是人们想象的那么美，光污染问题已经成为严重影响人们生活和生态环境的大问题。

但是，还有一些大中城市在搞“光彩工程”、“亮丽工程”，要求城市临街建筑物安装轮廓灯、局部泛光灯、探照灯等，使城市灯火通明，人为地制造了一个流光溢彩的“不夜城”。殊不知，这不是在追求发展，而是在重蹈国外“亮化工程”的覆辙。“只有亮，城市才有档次，才够现代化”，这种观念其实已经落伍了。城市的建设，最重要的是和谐宜居，生态环保，对于亮化工程一定要适度，一味地打造“不夜城”反而是在制造人人厌恶的风景。

为了改善这一状况，在城市规划和建设的过程中，就要合理制定照明时间、科学划分照明区域、加强夜景照明的专业设计。只有这样，人造的风景才能赢得人们的喜爱，光污染的问题才能得到有效的解决和改善。

肮脏的足迹：被垃圾笼罩的地方

随着城市化进程的发展，人们获得了一系列的成就和突破，推动了城市经济的进步和发展。但与此同时，城市每天产生的垃圾也日益增多，堆积如山的垃圾正逐渐吞噬着日益稀缺的城市土地资源。这道人造的风景，令人望而却步，使得城市以及城市的生活黯然失色。

“城市让生活更美好”，一直是城镇化进程的标语和向外界投递的名片，但是城市垃圾问题的出现无疑使城市的生活蒙上了一层阴影。那么，什么是城市垃圾呢？城市垃圾的存在有哪些危害呢？下面，我们就一起走进这道人造的风景，了解一下城市垃圾的真实面貌。

其实，城市垃圾是城市中固体废物的混合体，包括工业垃圾、建筑垃圾和生活垃圾，具体来说，城市垃圾可以分为食品垃圾、普通垃圾、建筑垃圾、清扫垃圾和危险垃圾。

其中，食品垃圾是指人们在买卖、储藏、加工、食用各种食品的过程中所产生的垃圾。这类垃圾腐蚀性强、分解速度快、并会散发恶臭。

普通垃圾包括纸制品、废塑料、破布及各种纺织品、废橡胶、破皮革制品、废木材及木制品、碎玻璃、废金属制品和尘土等。普通垃圾和食品垃圾是城市垃圾中可回收利用的主要对象。

建筑垃圾包括泥土、石块、混凝土块、碎砖、废木材、废管道及电器废料等。这类垃圾一般由建筑单位自行处理，但也有相当数量的建筑垃圾进入城市垃圾中。

清扫垃圾包括公共垃圾箱中的废弃物、公共场所的清扫物、路面损坏后的废物等。

危险垃圾包括干电池、日光灯管、温度计等各种化学和生物危险品，易燃易爆物品以及含放射性物的废物。这类垃圾一般不能混入普通垃圾中。

同时，根据垃圾生产源的不同，可将城市垃圾分为居民生活垃圾、街道保洁垃圾和集团（机关、学校、工厂和服务业）垃圾三大类。对于经济发达、生活水平较高的城市来说，垃圾的有机物含量比较高。以燃煤为主的城市，垃圾中煤渣、沙石所占的份额比较多。

自从19世纪以来，全球工业化和城市化快速发展，引起了世界性的人口迅速集中，城市规模不断扩大，垃圾处理也成为日益尖锐的问

题。在城市化的发展过程中，城市垃圾已经向人们敲响了警钟。对于经济发达的国家，垃圾还呈现出了数量剧增、成分变化的表现。

另外，垃圾是城市环境污染的重要原因之一，城市垃圾的危害性也是不容小觑的。具体来说，城市垃圾对环境的污染主要包括水体、大气、土壤三个方面的污染。

1. 对水体污染

城市垃圾中的固体废弃物进入水体后会影响水生生物的繁殖和水资源的利用，甚至会造成一定水域的生物死亡。堆积的废物或垃圾填埋场等，经过雨水的浸淋，其浸出液和滤涸液也往往会污染水体。而且，城市垃圾经雨水渗透会污染地下水或进入地表水，造成进一步的水体污染。根据调查研究发现，有 80%的流行病就是通过这种方式传播的。同时，污染物还容易导致城市河流缺氧及富营养化。

2. 对大气的污染

城市垃圾中堆积的固体废物和垃圾中的尘粒，在风力作用下往往会随风飞扬，在飞扬的过程中，臭气四逸，就会对城市大气造成严重的污染和破坏。而且，垃圾如果得不到及时的处理就会腐化，在腐化的过程中，会产生大量有害气体，主要是氨、甲烷和硫化氢等有害气体，浓度过高就会形成恶臭，继而严重污染大气。

3. 对土壤的污染

城市垃圾中的固体废物及其滤出或滤涸液中所含的有害物质会改变土壤结构和土质，影响土壤中微生物的活动，妨碍植物生长。还有一些塑料袋、塑料杯、泡沫塑料制品等白色污染物是不易分解的，这些城市垃圾不仅会严重影响城市形象，而且还有许多潜在的生态危害。

另外，除了这几个主要方面的危害之外，城市垃圾长时间堆积还会发生自燃或自爆现象。因为，堆放的垃圾堆长期得不到处理就会发酵，产生甲烷等气体，进而发生爆炸。而且，垃圾场是细菌等微生物滋生的温床，包括病毒、细菌、支原体和蚊蝇、蟑螂等疾病传播媒介，啮齿类动物（如老鼠）也在其中大肆繁衍，横行霸道，危害人类的健康。

危险废物还会以其他方式危害人体健康。比如，废灯管、废油漆，特别是废电池均含有毒有害物质。电池中含有汞、镉、铅等重金属物质。汞具有强烈的毒性；铅能造成神经紊乱、引发肾炎等；镉主要造成肾、肝损伤以及骨疾——骨质疏松、软骨症及骨折；放射性会致癌。

可见，城市垃圾的危害性是极大的。因此，在城市建设和发展的过程中，一定要注重城市垃圾的管制，采用科学的方法予以分类、处理。

但是，在我国，城市垃圾的问题还是十分严重的。据调查研究发现，广州日产垃圾 18 000 吨，上海平均每天生产垃圾 2 万吨，北京每天产生 18 000 吨生活垃圾，深圳每天仅餐厨垃圾量就超过 2 400 吨，佛山每天制造垃圾约 7 000 吨，南京日产垃圾 5 000 多吨……

据统计，我国 600 多座大中城市中，有 70%被垃圾所包围，形成“垃圾包围城市”的局面。在 20 世纪 80 年代，全国城市垃圾年产量约为 1.15 亿吨，到 90 年代已达 1.43 亿吨，仅次于美国，居世界第二。有人预测到 2030 年，我国城市垃圾年产总量将达到 4.09 亿吨，并在 2050 年达到 5.28 亿吨。

同时，目前全国城市垃圾历年堆放总量高达 70 亿吨，产生量每年还以约 8.98%的速度递增。城市垃圾堆放量占土地总面积已达 5 亿平方米，相当于全国每 1 万平方米耕地就有 3.75 平方米用来堆放垃圾。

据调查，随着城市建设的发展，我国每年仅施工建设所产生的建筑废料就至少超过 3 亿吨，约占垃圾总量的 30%~40%，加上建筑装修、拆迁、建材工业等所产生的建筑垃圾，城市垃圾的数量是十分庞大的。

另外，有统计数据表明，我国城市人均年产垃圾约 440 千克；我国主要城市年产生活垃圾 1.6 亿吨，足可以使一个 100 万人口的城市被覆盖 1 米。我国城市每年因垃圾造成的损失约近 300 亿元（运输费、处理费等），而将其综合利用却能创造 2500 亿元的效益。

因此，在城市发展的过程中，城市垃圾的问题是非常严重的，我们一定要科学地管制和处理城市垃圾，尽量减小城市垃圾的危害性。目前，我国城市生活垃圾的处理率只有 58.2%，无害化处理率仅为 35.7%，远低于世界许多国家的水平。所以，对于城市垃圾的处理水平还需要进一步的提升。

一般来说，城市垃圾的处理主要有四种方式，即露天堆放、卫生填埋、垃圾焚烧和堆肥。其中，露天堆放城市垃圾，不仅影响城市景观，同时也会给气候、水和土壤造成严重污染，对城市居民的健康构成极大威胁，成为制约城市发展的沉重包袱。

与露天堆放相比，卫生填埋能够有效地避免上面的问题。但是，需要注意的是建填埋场占地面积大，使用时间短（一般十年左右），造价高，同时阻碍了垃圾回收利用。数据显示，我国每年产生的约 1.5 亿吨的城市垃圾中，被丢弃的“可再生资源”价值高达 250 亿元，造成了极大的资源浪费，同时也产生了垃圾的二次污染。

同时，垃圾焚烧也是越来越多城市的选择。垃圾焚烧能使垃圾体积缩小 50%~95%，但烧掉了可回收的资源，释放出了有毒气体，如二噁英、电池中的汞蒸气等，并产生有毒有害炉渣和灰尘，直接污染环境和威胁人体的健康。

第四种处理方式是堆肥。这种方法落实的前提是人们必须先将有机垃圾与其他垃圾分开，同时堆肥需要巨额的资金投入。比如，目前北京市每吨垃圾的处理费用约为 103.49 元，每年仅处理费用就高达 5 亿多元，这还不包括建设垃圾处理场的费用。据估算，目前建一座大型垃圾填埋厂的投资约为 1 亿~2 亿元，而建一座大型垃圾焚烧厂的投资则高达 20 多亿元。

可见，城市垃圾处理也是一个比较棘手的问题。但是不管怎样，城市垃圾是人类生产生活过程中产生的，就一定要注重管理和科学的处理，从而破解城市发展的困局，实现城市的协调、可持续发展。

然而，要做到这一点，就必须从源头抓起，从生产垃圾的每个居民和家庭做起，大力推进垃圾分类，从而培养居民减少垃圾产生，有效提高垃圾回收利用率，降低社会对垃圾处理的成本。

但是，仅从源头上减少垃圾产生和排放是不够的，如何对存量的垃圾进行回收利用，则是缓解城市环境和发展困局的主要环节。其中，将垃圾充分有效地用于发电是一个历史性的发展机遇。

城市旅游要走生态和谐之路

旅游是一件很惬意、很畅快的事。收拾好心情，准备好行囊，利用闲暇的时间进行一场旅行是能够让人们的心情愉悦，精神放松的。在各种各样的景色中，人们能够获得身心的极大享受。但是，随着工业化和城市化的发展，越来越多的旅游景区变了味，一些人造“风景”越来越多地进入人们的视野。

每个地方都有每个地方风景优美的景区，它们是一个地方或城市的亮点。特别对于城市而言，打造旅游城市越来越成为很多城市发展的方向。

所谓旅游城市，是指既具有一般城市的特点，又具有旅游功能和一定旅游条件的城市。旅游城市常常以现代化的城市设施为依托，以该城市丰富的自然和人文景观以及周到的服务为吸引要素而发展起来。国内外的旅游城市为了发展旅游，带动经济，提高城市竞争力，纷纷开发城市旅游项目。

尤其是近些年来，随着工业化的持续推进，越来越多的城市把发展的重心转移到服务业和旅游业上来，尤其是旅游业，人们逐渐地认识到了旅游对城市经济的拉动作用，建设旅游城市品牌也成为城市管理者们关注的焦点。

随着城市旅游业的日益兴旺，旅游城市在数量上迅猛增加。旅游城市的综合效应越来越清楚地表现出来，一个良好的旅游城市的开发将对城市的经济发展产生极大的推动力，使得城市经济迅速走上一个新台阶。这是旅游对城市形象的一种塑造，也是城市经济发展的一连串动力支撑。众所周知，旅游业是一个关联到众多方面的，提供“食、宿、行、娱、游、购”的一条龙产业。所以，旅游业对城市的发展起着积极的拉动作用。

除此之外，城市旅游还会提高城市内部的凝聚力。一个具有特色、打出品牌的城市旅游项目能够对城市的居民有极大的鼓舞作用，能够激发市民热爱本市、建设本市的热情，使城市居民以本地的旅游景区为傲。

例如，人们传颂的“上有天堂，下有苏杭”，说的是苏州和杭州恰似人间天堂的旅游风景。也正是有了“天堂”美誉的旅游业影响，使得这两个城市的凝聚力大大增强，很少有市民外迁。

城市旅游还能强化城市的吸引力，打造城市品牌。对于一个城市来说，吸引力是作用于城市外部的一种向心力，在吸引力的带动下，人们会积极地投入城市，共同为城市建设贡献自己的力量。而良好的城市旅游则可以有效提升城市的吸引力，打造城市的风景品牌。众所周知，那些依靠旅游打造城市品牌的城市比比皆是。比如，昆明市的宣传口号是“昆明天天是春天”，广州市宣称让游客“一日读懂两千年”，石家庄自称为“东方的伊甸园”、“世界天然公园”。还有，法国被誉为浪漫之都，加拿大被视为四季皆宜的旅游胜地。由于这些旅游的品牌效应，使得该地的吸引力大大增加，城市的旅游风景也别具一格，发展迅速，从而为城市的经济发展奠定了坚实的基础。

城市旅游的这种吸引力还可以引申为城市旅游的辐射性。一般来说，城市旅游的内涵越丰富、可认同性越大，其辐射力也就越强。比如，巴黎是“时尚之都”、维也纳是“音乐之都”，这些旅游品牌都是世界各地人们所认同的，因而其辐射力就很强，相应的旅游吸引力也很大。在经济能力和时间允许的情况下，爱时髦的人会选择去巴黎、爱音乐的人会选择去维也纳。因此，旅游城市品牌是巨大的无形资产，往往能够为城市旅游业的飞速发展带来可观的经济效益。

因此，在城市经济发展的过程中，旅游越来越凸显出其无与伦比的优势。而且，相对于其他工业或产业来说，旅游业是一种低碳环保产业，具有极大的可持续性。但是，随着城市旅游的逐级盛行，一些城市为了提升城市竞争力，凸显特色，便开始推出人造景观这一特殊旅游资源，而且这种旅游资源越来越受到人们的重视和追捧。甚至，一些城市为了发展旅游经济，完全依赖人造景观，大肆修建人造风景，这种行为不仅破坏了城市的生态环境，而且，这种人造风景缺乏必要的依托，往往只是杂乱、粗糙的人造景观的堆砌，从而导致大量资金的占用和大片土地的浪费。

其实，简言之，景观就是具有观赏审美价值的景物。不管是天然生成，还是人为创造，这两种截然不同的景观都体现了美的价值，共同构成了风景区景观。在风景区旅游兴起的过程中，人造景观这一特殊旅游资源在一些发达的国家最早进行了尝试，并获得了成功，但是如何把握人造景观和自然景观的尺度，如何科学地创造人为景观则是一门高超的技术。如果不能掌握这门技术，盲目一味地创造人为景观，那么就会适得其反，使得城市的旅游成为人们眼中的一块鸡肋。

然而，在旅游城市规划和建设的过程中，却有不少城市没有掌握这门技术，它们一味地追求经济利益，大肆创建人造风景，在对旅游风景规划和建设的过程中，往往偏离正常轨道。比如，在景区的规划开发建设中，一些设计者没有从科学规划设计的角度和理念出发设计景区，没有从生态文明的大视角看待景区建设，而是喜欢揣摩决策者的心理，更多地从旅游的经济效益着想，进行设计时，恨不得将景区的自然资源全部进行人工改造和利用，过多地考虑了以经济为本和以人为本，而忽视了对自然资源的科学保护。面对设计者的这种类型的设计，如果决策者和专家学者缺少理性和科学的旅游建设意识，就会中招，给日后的旅游建设和发展带来危害，使得城市的旅游没有吸引力和欣赏性，从而使旅游建设徒劳无功。

即使这样的人造景观和人造风景能够带来一定的经济效益，那也一定要把握恰当的尺度和分寸，不能一味地创建人造景观，一眼望去大多是人类的痕迹。这样，不仅使城市旅游缺乏特色和吸引力，而且，大规模的人造景区创建还极有可能破坏城市的生态环境和自然景观，使得城市遭遇环境生态危机。

因此，面对景区建设动辄出现的人造景观过多的现象，一些决策者要能够不为所动，专家学者也要能够坚守自己的职业道德理性建言，在旅游发展一切为了经济效益的环境下，要能够为自然生态负责，为科学行政负责，为旅游的可持续发展负责。这本身就是更高境界的旅游开发意识，这样的思维和行为越多，旅游发展才能够更理性，生态建设才能够更科学，旅游的质量才能够得到保证，旅游的幸福感和满意感才能够实现。

同时，面对景区规划和建设，要多做“减法”，少做“加法”，多保护，少改动；多些敬畏，少些随意；多些自然审美，少些人工审美；多些小规模渐进式有机更新，少些大刀阔斧的改造；多些文化考量，少些经济的觊觎；多些人文的视角，多些法律法规意识，少些盲目冲动；多些考虑自然规律，少些人定胜天的意识；多些自然本位，少些人为损害，只有这样，自然景观才能够发挥更长远的文明促进作用，城市旅游才能真正走上一个新台阶，实现人造景观、自然景观和生态环境的完美统一。也只有这样，城市旅游才能持久地发展下去，才能避免对城市生态环境的破坏。

另外，城市旅游最重要的是有特色，千篇一律的人造风景是缺乏生命力的。因此，并非所有的景区都要发挥集观光旅游、休闲避暑、养生养心、康体健身和培训拓展训练等项目于一身的综合体。在城市旅游创建的过程中，可以建设一定的人工辅助设施，但也不能抢了自然的美。景区设计应与自然有机融合，尽量少用人工建筑，减少人工痕迹，人工因素应该隐藏在自然理念之中。而且，还要严格按照国家标准进行，维护景区的生态性，在不破坏现有地质地貌的前提下，适量增加人造景观建筑。

可见，在城市旅游规划和建设的过程中，对人造景观要多作保护，减少对环境的破坏，保持景区的生态自然美。否则，人造景观大行其道，忽视对自然环境的保护和与自然景观的协调统一，那么这道人造的风景就不再完美，就会给城市的生态环境和城市的经济发展带来负面影响。而只有坚持人造景观的生态原则，人造风景才能深入人心，成为人们心中一道亮丽的风景。

比如，世界上最美的人造岛屿——棕榈岛。该岛耗资 140 亿美元打造而成，被誉为“世界第八大奇迹”，是世界上最大的人工岛。这里的人造景观依水而建，较好地处理了人造景观和自然环境之间的关系。还有世界上最大的人造森林。约翰内斯堡，是南非最大的城市，栽种了1 000多万棵树，人造景观和自然景观完美地结合在一起。

因此，在城市旅游的规划和建设中，以何种方式开发能最大限度达到发展和生态的协调，建设类似原生态的自然风景区，是应该考虑的首要问题。要做到这一点，在城市景观保护区内还要遵守以下原则。

在一级保护区内，必须严格施行原自然保护区的保护措施，开放季节游人数应限制在有关规定的范围内；区内要特别注意卫生管理，寄存处、更衣室（公厕）、步游道等配套服务设施必须无碍于原生态风貌，做到与自然原色融为一体，严禁污水入洋；游人活动范围也要严格地控制，游览线路应尽量避免对景区内的珍稀保护动物的栖息地产生影响，可遵循它们的栖息规律开发山上山下两条线路，因不同季节而采取不同的线路；区内严禁建设与风景无关的设施，不得安排旅宿床位；区内的一切建设项目均需根据总体规划和详细规划设计进行，力求维护区内的自然原生态风貌。

在二级保护区内，不得建设有污染及有碍景观的设施，以保护环境及风景地貌的完整性；区内可以安排少量旅馆设施，但须限制与风景游览无关的建设。

在保护地带内，不允许开山毁林和破坏地形地貌的活动；不允许在保护地带内建有污染的企业。应加强保护地带内的造林绿化，保护发展地方特色农产品，将农业景观与景区总体景观相结合。保护地带内应实行景区管理部门与有关乡镇、有关部门联署审批的办法加强管理。

按照这样的开发思路做下去才能实现开发与保护“双赢”。从一定意义上说，保护也是一种开发，只不过它是一种长远的保护式的开发。试想一下，如果不对现有资源开发加以控制和保护，盲目开发，乱砍滥伐，肆意糟蹋，就会造成资源的枯竭和生态的破坏，使景区资源失去原有的价值和意义。也只有这样，在城市旅游中，人造的风景才能长盛不衰，深入人心。相反，刻上太多工业化的痕迹则适得其反。

紧张而忙碌的“长寿村”

随着科学技术的进步，以及人类对饮食和健康的日益重视，人们的寿命明显增加，人均寿命越来越长。其中，吸引人们眼球的“长寿村”的增多就是一个突出的表现。然而，在经济发展的趋势和诱导下，原生态、重绿色的“长寿村”也逐渐开始忙碌起来。

寿命是指从出生经过发育、成长、成熟、老化以至死亡前机体生存的时间。由于人与人之间的寿命有一定的差别，所以，在比较某个时期，某个地区或某个社会的人类寿命时，通常采用平均寿命。荷兰解剖学家巴丰，采用生长期测算法，估算出哺乳动物的寿命相当于生长期的 5~7 倍。同时，他认为人的生长期需要 15~20 年，由此推测人的自然寿命应为 100~175 岁之间。

新中国成立以来，随着营养、保健、医疗水平的提高，我国人的平均预期寿命从 1949 年前的 35 岁到如今的近 73 岁，达到中等发达国家水平。

数十年来，我国医疗建设取得了长足发展。据调查，全国拥有卫生机构从 1950 年的近 9 000 家增加到 2003 年的近 30 万家，全国疾病预防控制中心从 61 家增加到3 000 多家；全国的卫生从业人员从 55 万余人增加到 430 多万人；全国民众每千人拥有医师达 1.7 人，接近英国 1.8 的千人拥有医师数量。目前，我国已建成较完整的预防保健工作体系，近30万名防疫和健康教育专业人员遍布全国，这直接带来了法定传染病发病率和婴儿死亡率的快速下降。2012年，中国人法定传染病死亡率已降到1.29/10万。2008年婴儿死亡率降至14.9‰。

然而，我国的人均寿命和人类的理论寿命值还有很大的一段距离。但是，有一个地方，那里的人们普遍长寿。这个地方就是巴马长寿村，这是一个令人神往、神奇而美丽的地方，人称长寿之乡。全村515人，百岁老人多达7人，是国际上“世界长寿之乡”标准的近200倍。

在巴马，空气的负氧离子很高，著名的水晶宫、百魔洞和百鸟岩等旅游景点，每立方厘米的负氧离子竟高达2 000~5 000个。盘阳河两岸达3 000个以上，县城城区的负氧离子也高达2 000个以上。同时，巴马的瀑布并不多，但森林覆盖率却高达57%，再加上巴马地区的大气受紫外线、宇宙射线、放射物质、雷雨、风暴、土壤和空气等因素的影响，产生电离而释放出的电子，很快又和空气中的中性分子结合而形成负氧离子。还由于巴马地区磁场高，是雷击的重击区，最易产生负氧离子。因此，这里的负离子含量是很高的。而负氧离子被称为“空气中的维生素”和“长寿素”，对人体健康是极有好处的。它能改善肺的换气功能，增加肺活量；能够改善和调节神经系统和大脑的功能状态；能够促进人体的生物氧化和新陈代谢，改善心肌功能。

另外，水是巴马的突出亮点，因为巴马可滋泉是地下水和富含矿物质的山泉水

又称不老泉。巴马不老泉在数亿年的喀斯特地层中形成，创造了四次进入地下潜行，又四次流出地表的自然奇观，独特的流程使之富含各种有益于人体、皮肤健康的矿物质和微量元素，其钙离子达到 40~80 毫克每升，对肌肤具有舒缓、镇静作用，并缓解肌肤泛红、紧绷、干燥、灼热等敏感状况。1999~2006 年国际自然医学会通过 7 年的研究表明巴马水珍稀的天然小分子团水，能够进入细胞核和 DNA，活化细胞酶组织，激发生命活力。巴马人长期饮用巴马可滋泉，对身体具有显著的增强体质、延缓衰老的作用，是世界罕见的健康之水、生命之水。

不仅如此，巴马的长寿秘诀还在于这里的地磁、阳光和食物。其中，巴马的阳光被誉为“生命之光”，人们在烈日之下，也不会感觉毒辣，而且还能激活人体组织细胞，增强人体新陈代谢，改善微循环，提高人体免疫力。

在巴马流传着这样的民谣：火麻茶油将菜炒，素食为主锌锰高；地下河水元素多，空气清新人不老；晚婚晚育勤劳动，常享桃李野葡萄；知足常乐心清净……可见，巴马的风景是令人沉静而神往的。就是在这样的环境下，人们悠然自得，尽情地享受着大自然的恩赐，寿命自然也就长了。

可是，随着巴马长寿村的闻名，人们对于巴马村的研究和探知欲望也越来越高涨。科学家们为了寻找当地村民长寿的线索而对他们的 DNA 进行研究。企业家们发现了商机，将他们食用的稻米包装上市，把他们的饮用水制成瓶装水出售。游客们则因年龄两倍于自己的老人能够在清晨翻山越岭到路途遥远的地里干活而惊讶不已，纷纷慕名而来。

然而，利用假期蜂拥而至的游客（访客）们，却在不知不觉中颠覆了巴马的社会传统，令其经济形态发生了转变。旅游业正逐渐取代巴马人的传统产业，成为人们的主要收入来源，原本原生态、自然的巴马村越来越多地刻上了人类工业化的足迹。据调查，每年国庆长假，都有超过十几万的游客来这里旅游，而且还呈现出逐年增长之势。而且，每到旅游旺季，到巴马的人如果不提前准备，就很难预定到房间。

原来，这里很少有车辆，人们用最原始的交通工具出行以及开展各种活动。但是，随着巴马旅游的发展，每年旅游旺季，村子里就到处停满了来自全国各地的汽车。曾经，这是巴马人生存的天堂，阳光、空气、水都是大自然丰厚的恩赐。然而，现在巴马村越来越成为游客们的圣地。

不仅如此，当地村民的生活方式也在不知不觉中发生着变化。随着巴马旅游业的发展，巴马的居民正在急着学习如何挣钱，努力过上城里人的生活；许多的年轻人已经放弃了务农，都忙着盖房子，然后出租给到这里的度假者或是来此治病的人，靠旅游业为生；百岁老人们则已经学到了迅速赚钱的最佳方式——与游客合影。而且，这里的人已经学会了打扑克和麻将，还对此十分热衷。可见，在海量的游客涉足之后，这里人们的生活节奏已经不复从前了。

从前，巴马人很少吃肉，他们吃的是自己种的无污染蔬菜和粗粮，主食是玉米、大米，并配以野菜、红薯等。但是，如今，在巴马的每个小农贸市场几乎都能买到各种肉类以及海鲜和奶制品。

这样的冲击和改变不得不让人担心。虽然说与我国的大中城市相比，这里的环境依然很清洁，这里的风景依然很迷人，但是不容忽视的是，这里的年轻人正逐渐丢弃帮助人们长命百岁的传统和习惯。我们很难想象，巴马长寿村的美誉是否会一直延续下去。

然而，这种“风景”也正是人类活动的结果。随着工业化的推进，环境污染加重，人们越来越把关注的焦点转移到城市的郊区或是一些偏远地带。加上，随着人们生活质量的提高，人们越来越对良好的生态环境充满向往，因此越来越多的人每到假期都会让自己置身于青山绿水之间。可是，巨大的旅游潮也使得旅游景区发生着一些微妙的变化，尤其是一些具有原生态气息的地方，强大的旅游冲击无疑对当地的“风景”产生极大的影响，使景区的面貌渐渐脱离原先人们喜欢的样子。

因此，人类活动对景区的影响要适合而止，把握恰当的尺度和分寸，注重科学有序地利用和开发。否则，就会适得其反，使人们眼前亮丽的风景转瞬即逝。

服饰，一道人们正在细看的风景

随着全球工业化和城镇化的大力推进，人们的生活面貌也发生了极大的改变，其中一个比较明显的变化就是服饰文化。生活中，城市和乡村之间最明显、最直观的差别恐怕就是服饰之间的差别了。但是，需要注意的是，不管是穿着什么样的服装，健康永远是首要的。

任何一个城市都需要一个优美的环境。当然，美化城市环境是多方面的，其中，城市居民的穿着打扮就是美化生活、美化城市环境的一个不可忽视的方面。然而，随着经济社会的发展，人们对精神世界的重视和回归，人们对精神观念的表达和诉求越来越强烈，人们的个性越来越得到张扬。其中，服饰文化就是人们举手投足间一道正在细看的风景。

服饰是人类特有的劳动成果，它既是物质文明的结晶，又具精神文明的含义。人们早已将生活习俗、审美情趣、色彩爱好，以及种种文化心态、宗教观念，都沉淀于服饰之中，构筑成了服饰文化精神文明内含。所以，服饰文化是人们内心的一道风景，反映了居民的精神面貌和文化素养。同时，服饰文化也是城市文化的一种具体表现。近年来，我国城市的服饰状况从数量、款式上都发生了巨大的变化。特别是青年男女无不打扮得漂亮、健美，充满青春的活力。尤其是在一些大中城市，人们的服装色彩、样式、品牌都多种多样。

爱美之心，人皆有之。这是人们普遍的心理，也是十分正常的。在这种心理作用的驱使下，人们追求一切美好的事物。其中，亮丽的服装就是最好的体现。人们常说：“眼睛是心灵的窗户，衣服是身体的语言。”确实如此，服装是会说话的，相对于有声的语言而言，服装从来就是人类的第二语言。对于一个人来说，不同的服装往往能够展示他不同的精神面貌和个体倾向，是一张非常形象且给人印象深刻的名片。

同时，通过服装可以展现一个人的个性是火热、欢快还是内敛、羞涩。这种表现效果主要从服装款式的选择、色彩的运用以及彼此之间的搭配来实现。所以，服装也有其本身的性格属性，尤其是对颜色而言，不同的颜色表达出来的含意和韵味是不同的。比如，有的颜色穿在人身上显得自信阳光；有的颜色穿在人的身上显得阴郁内敛；有的色彩穿在人身上显得张扬跋扈、特立独行。还有，冷色和暖色，纯色和拼接色，给人的视觉感受和总体感觉也是不同的。因此，服装是一门艺术，穿衣是一种实用性和审美性的完美结合。甚至可以说，服装穿出了审美的属性，才能称之为服装艺术，才能使服装和人二者之间互相协调、互相补充，相得益彰，恰到好处。否则，就会适得其反。

另外，服装对人来说也是一个很好的装点。人们常说：“佛靠金装，人靠衣装。”可见，服装的含义与人们的精神面貌有一定的关联。不同的服装往往能表现出人们不同的精神面貌，使人产生一定的改变。

但是，服装最基本的功能还是使用功能，其次才是装扮功能和审美功能。因此，人们在选取服装的时候，实用性还是首位的，健康的要求还永远摆在第一位。否则，牺牲健康装饰出来的美也是不长久的，缺乏生命力的。所以，服装要有底线，要有原则。但是，随着经济社会的发展，在大中城市，一些年轻人过于注重服装装饰美化功能，而无视服装的健康实用功能，以至于给身体健康留下隐患。

在一些大中城市，城市化的推进使得人们对服装的审美要求越来越高，这种情况还比较普遍。比如，一些人过于追求个性美，讲究张扬个性，因此在服装的选择上大胆创新，不拘一格，或是有意地标新立异、“不走寻常路”。同时，还有一些人过分地追求服饰、打扮，甚至为之倾其所有，把所有的收入都花费在各种各样的服装上。

另外，还有一些人过于追求所谓的美，尤其是在夏季，一些非常爱美的女孩子总是一味地追求流行，讲究透、薄、短。虽然说各种各样、五颜六色的服装构成了城市中一道亮丽的风景线，但是生活不是T台，人生也不是走秀，服装要讲究美丽更要注重健康。健康的着装艺术才是最重要的。夏日里，忽视健康的着装是极不明智的，对人体健康是一种极大的威胁。尤其是对女性来说，更是如此。

夏季天气炎热，不少人认为穿得越少越透就越凉快，但是在气温接近或超过37℃的盛夏酷暑之日，皮肤不但不能散热，反而会从外界环境中吸收热量。从这个意义上说，越是暑热难熬之时，男性越不要打赤膊，女性也不要穿过短的裙子。人们若长时间让肌肤暴露在高温环境中，由于缺乏衣物的必要保护，在未及时采取防晒措施的情况下，皮肤是非常容易被晒伤的。而且身体大面积暴露在空气中，由于直接和暑气接触，病邪更容易侵入机体而引发疾病，轻者可引起头晕、咳嗽、发热，重则会因为身体水分大量蒸发，导致气津受损，造成中暑、休克等。因此，夏季，在室外的时候，应尽量不要长期将皮肤暴露在阳光之下。健康专家表示，在酷暑季节，“简单、凉爽、美观、能保护皮肤”是着装所要遵循的重要原则。在这个基础之上，才可以考虑着装的美丽和个性。

同时，夏季穿衣是否凉爽与衣料的吸湿性也有极大关系。据测定，气温在 24℃，相对湿度在 60%左右时，蚕丝品的吸湿率为 10%，棉织品约为 8%，合成纤维的吸湿率较差，一般不到 3%。因此，真丝衣服、植物纤维的棉布及纱绸很适合做夏季的衣服。

在炎热的夏季，“骨感”美女大行其道，街上靓女纷纷穿上低胸、吊带装，“秀”出自己漂亮的锁骨，却不知道这副打扮在炎热的天气中极易惹上风寒。锁骨处是“肺尖”所在，中医学认为“肺为娇脏，不耐寒热”，如果将“肺尖”长时间暴露在外则容易受寒邪、暑气的侵犯。如今处处都装有空调，当清凉打扮的女性在空调房间和炎热户外进进出出时，乍冷乍热间就为病邪提供了可乘之机。

而且，盛夏时节除了“骨感美女”增多之外，还有众多的露脐装、低腰装进入人们的视野。殊不知，穿露脐装、低腰装虽然能衬托出女性漂亮的腰臀曲线，但脐部肌肤娇嫩，肚脐位于“神阙穴”，既是气血蕴集之处，也是人体对外界抵抗力较薄弱的部位，加上夏季人体内的胃酸和消化液的分泌减少，使得杀灭细菌的能力减弱，同时，穿露脐装时由于腰腹部裸露，且常出入有空调的场所，缺少衣物形成的“屏障”，就容易受冷热的刺激引起胃肠功能的紊乱，导致病菌的入侵，出现呕吐、腹痛、腹泻等胃肠系统疾病。虽然人体皮肤上的温度不断变化，以保持身体的恒温，但人体的腹部和胸部的皮肤温度几乎固定不变，所以即使是非常炎热，也常有不少人因受凉而发生腹痛、腹泻或其他肠胃、呼吸道和心血管系统疾病。因此，夏季穿衣一定要护好腹部，以免“风邪”入内，祸及脏腑。

夏季，还有不少女性为了凸显身材而穿紧身衣，虽然穿紧身衣好看，但是对健康也是不利的。因为，夏季天气炎热，人体新陈代谢旺盛，出汗较多，如果排汗不畅，容易引起皮疹、皮肤感染等，因此，专家指出，夏天应选择宽松、吸汗的衣服，以便身体排出的汗气散发，而且，要勤于换衣，防止汗液浸湿生细菌。尤其是居家，不必太追求紧身衣裤，可以尽量选择凉爽宽大的衣服、衣服的质地最好是棉质的，不仅柔软、透气，而且吸汗性强。色彩上，可以选择清爽宜人的浅色系列，如白、淡黄、淡粉、浅绿、湖蓝、瓦灰、银灰色等。

总之，要想穿出健康，那就要穿着适当，把握准底线。至于夏天每个人穿着能暴露到什么程度，自己要注意观察与体会，只有把握好凉爽和健康的底线，才能做到既凉爽、漂亮，又防暑防寒。否则，一味地追求漂亮，讲究服装的个性，那么身体健康就难以得到保证。所以，健康和美丽要和谐统一才是真正的美，才能把这道人造风景更好地展示出来，维持下去。

第四章

令人望而却步的“气象风景”

多变的气候和气象在特殊的环境和条件下，往往能够形成罕见的奇景，令人获得美的体验。但是，随着人类活动的参与，一些气象灾害发生的频率和强度也发生了微妙的变化，使得人们遭受气象灾害的威胁越来越大。这样的风景显然不是人们想要的。它常常会给人们的生产、生活带来不良的影响，让人望而生畏。下面，我们就来看一下在人类活动的作用下加剧或诱发的“气象风景”。

什么是“气象风景”

大自然也是有情感的，它有喜怒哀乐，有自己的情绪生物钟，而且会毫无遮掩地把各种情绪表达出来。然而，这种表达出来的情绪就是生活中的各种气象气候变化。这些复杂多变的气象气候是大自然与人类沟通交流的桥梁，配合一定的地理环境和天文条件往往就会形成令人叹为观止的气象景观。

我国历代文人对气象景观多多少少都有所涉及，而且不少文人骚客对此情有独钟，有的写在山水诗词、散文游记、地方志书中，有的编在风景名胜的命题里。比如，宋代画家宋迪画的著名八景，其中就有六景：“山市晴岚”、“江天暮雪”、“潇湘夜雨”、“洞庭秋月”、“烟寺晚钟”、“渔村落照”，是以气象景观命名的。从伟大军事家、文学家诸葛亮家乡湖北襄阳隆中的一副对联中，我们也可以窥见一斑。该对联的下联“沧海日、赤城霞、峨眉雪、巫峡云、洞庭月、彭蠡烟、潇湘雨、广陵涛、庐山瀑布、合宇奇观、绘吾斋壁”中，有七处奇观属于气象景观。同时，峨眉金顶的六大奇景——佛光、佛灯、云海、日出、雪山、雪飘，也全是气象景观。

不仅如此，我国一些历史文化名城的园林风景景点命题中，气象景观也占相当大的比例，比如，杭州西湖的“断桥残雪”，承德避暑山庄的“南山积雪”，上海的“沪城八景”的“吴淞烟雨”，北京颐和园的“意迟云在”等。

由此可知，文人骚客对气象景观是无比喜爱的。其实，这些气象景观之所以赢得了众多文人骚客的喜爱，就是因为气象景观无与伦比的美和不能让人拒绝的强大吸引力。

然而，气象景观也并不是在任何地方、任何时间都能够观赏到的。美丽的气象景观具有季节性，需要特定的地理条件。比如，观日出要到泰山、黄山、峨眉山、华山等地，看海市蜃楼最好去山东蓬莱。当然，在其他海边，江面湖泊上，甚至沙漠中，偶尔也可以看见蜃景，但效果却是大打折扣的。欣赏峨眉宝光，需在早晨或傍晚，观者需要站在悬崖之巅，使阳光、观者、云雾三者位于同一直线上，且观者要面对云雾，背向日光，否则只能见到彩光，看不到人影。雾霭烟云多形成于山中，著名的有峨眉山“海底云”，长白山人池石的“云人、云山和云水”、巫山神女峰的“云雨”，黄山清凉台石的“云海”、庐山含鄱口的“云雾”等。所以，气象景观又是十分玄妙的。

可见，气象景观不仅具有极大的吸引力，是一道亮丽的风景线，而且观赏绝美的气象风景还需要一定的技巧和方式方法。否则，绝美

的气象风景就会与你擦肩而过。那么，到底什么是气象气候景观呢？下面我们就来一起看一下。

气象气候景观是大自然的厚赐，也是人与自然相互作用的结果。所谓气象，是指地球外围大气层中经常出现的大气物理现象和物理过程的总称。它包括：冷、热、干、湿、云、雨、雪、霜、雾、雷、电、虹、霞、光等。所谓气候，是指一个地区多年的天气状况的综合，不仅包括该地相对稳定发生的天气状况，也包括偶尔出现的极端天气状况。

一般来说，气象风景中的云、雨、雾、冰雪、雾凇、佛光、海市蜃楼属于大气风景，极昼极夜奇景、霞景和月色景观、流星雨、陨石属于天象奇观，而有关季风活动、温度变化和降水情况则属于气候的范畴。气候一般是综合了气象的各个因素，反映出来的一种总体特征。

在气象风景中，雾凇给人的印象是非常深刻的。中国是世界上记载雾凇最早的国家，中国古代人很早就对雾凇有了许多称呼和赞美。早在春秋时代（公元前 770 年~前 476 年），成书的《春秋》上就有关于“树稼”的记载，也有的叫“树介”，就是现在所称的“雾凇”。

其实，雾凇既不是冰也不是雪，而是由于雾中无数零摄氏度以下而尚未结冰的雾滴随风在树枝等物体上不断积聚冻粘的结果，表现为白色不透明的粒状结构沉积物。其中，最令人叹为观止的雾凇景观是吉林雾凇、松花江下游的雾凇岛、黑龙江伊春库尔滨河流域的雾凇。这三地的雾凇是多且美丽的，仪态万方、独具风韵，每当雾凇来临，就会让人有一种“忽如一夜春风来，千树万树梨花开”的感觉，加上柳树结银花，松树绽银菊，顿时就会把人们带进如诗如画的仙境。而且，雾凇来临时，天地白茫茫一片，比雪色更冰洁，比晨霜更壮丽，加上周围安安静静的环境，忽然就会让人觉得世界被凝固了一样，只留下着静寥的天空和冰洁的景色。

另外，一天中看雾凇的最佳时间是早上，因为雾凇是在早上形成的，所以要提早在太阳出来前起来看雾凇，早上 5 点左右起来，就可以看到松柳凝霜挂雪，随着太阳的慢慢升起，还可以拍到那红色的朝霞洒在白色的雾凇上的景色，简直把一切美好的事物都比下去了。可见，雾凇不仅是空气的天然清洁工，它构造的玉树琼花还是一道醉人的风景。

除了雾凇之外，彩虹也是一道奇妙的气象风景。在夏天的傍晚，雷雨过后，西边会露出一轮血红的太阳，此时，东方常会出现一道五彩缤纷的圆形光弧，像一座彩桥，横跨两边。这就是彩虹。这道优美的风景是天赐的礼物，虽然短暂却让人喜爱不已。

同时，气候风景也是令人沉醉的。比如，气候优越的旅游城市昆明，四季如春，气候宜人；著名避寒胜地北海、三亚；著名避暑胜地莫干山、庐山、鸡公山、北戴河等。这些气候风景都是令人着迷的记忆。在这些各具特色的气象气候风景中，人们乐享其中，无比畅快。

总体来说，这些气象气候风景是一种正常的自然变化。然而，随着经济社会的发展，工业化和经济全球化进程的推进，人类活动对气象风景的影响和作用越来越明显和突出，气象风景越来越打上人类的足迹。尤其是，在人类活动的作用下，一些气象风景的危害性越来越凸显，一些极端恶劣天气出现频率越来越高，对人们产生的危害也越来越大。显然，这是由于人类不合理、不科学的活动诱发和强化的，这是一道人造的风景。与正常的气象气候风景不同，人造的气象风景常令人遭受极大的损失，面临极大的威胁。可见，人类活动对气象气候的影响也是不容小觑的。

与环境合拍的人类生态学

环境是为人们提供衣食住行的家园，是我们赖以生存的依据。人类在环境的庇护下开展各种各样的活动，同时人类活动又作用于环境，对环境产生一定的影响。然而，环境是一个娇贵的存在，它对人类活动做了种种隐形的规定和约束，在此规定和约束之内，环境能够很好地为人类提供各种资源，但是超过了这种规定和约束，人类就会面临厄运、受到惩罚。

体现这一辩证关系的就是人类生态学。人类生态学是研究人与环境、人与自然协调发展的科学，也是研究人与生物圈相互作用的科学。在人与环境相处的过程中，人类生态学规定了其对环境的选择力、分配力和调节力，使得人与环境和谐相处，让环境可持续地为人类服务。

同时，在人类生态学的概念下，人们继而形成了人类生态系统。人类生态系统是人类及其环境相互作用的网络结构，是人类通过对自然环境的适应、改造、开发和利用而建造起来的人工生态系统。

其实，人类生态学不是一个新概念，很早以前就已经进入人们的视野了。从 20 世纪 70 年代开始，人类生态学研究是以生态学为主的多种学科的综合研究，其中关注的焦点就是人与自然的关系。

1972 年，在瑞典斯德哥尔摩召开的人类环境会议，通过了《人类环境宣言》，标志着人类生态学已经发展成为一个与人类生存息息相关的大有前途的学科。

1982 年通过的《内罗毕宣言》，使人类生态学进一步得到了世界科学界和社会各界的高度重视，从而极大地推动了它的发展。

1985 年，国际人类生态学会成立，标志着人类生态学已成为生态学研究的一个重要方向。此后，国际人类生态学会每 18 个月召开一次世界性的学术年会，不断推动人类生态学研究向纵深发展。

1999 年 5 月，在加拿大蒙特利尔召开了第十届世界人类生态学学术大会，会上，中国科学院王如松研究员当选为国际人类生态学会副主席，这标志着中国的人类生态学研究在国际上居于较高地位。

可见，人们对人类生态学已经有了长时间的认识和了解。其中，人类生态学研究的核心内容是可持续发展理论，即主要揭示人与自然环境和社会环境的关系，研究生命的演化与环境的关系，人类健康与环境的关系，人类文化和文明与环境的关系，从而用生态文化创造生态文明，实现可持续发展。

在人类生态学的指导下，人们能够和环境、和自然和谐地相处，从而保证人类活动能够对生态环境产生良好的积极作用，能够有力地助推人类经济社会的发展，避免或减弱气象灾害的发生。虽然说气象灾害是一种自然灾害，但很多时候气象灾害是在不良的人类活动的

影响和作用下诱发并得以强化的。所以，不良的人类活动会对气候产生一定的影响，甚至会导致气象气候的恶化，继而滋生众多气象灾害和生态问题。比如，近些年来，肆无忌惮的人类活动，导致各种气象灾害频发，使得气象灾害频繁地侵扰我们的生态环境，并且使得“五十年一遇”、“一百年不遇”的极端天气时有发生。

因此，人类活动对环境的影响是不容小觑的。而在经济发展的过程中，注重人类生态学的原则和要求，讲究人类行为与环境的协调统一发展，那么生态环境就不会遭到破坏和污染，人类就能拥有一个良好的风景。

同时，作为研究人与环境关系的一种学科，人类生态学以人的生物性和社会性为主线，从人的生物生态适应和文化生态适应两个层面入手，把人类种群及其生存环境作为研究对象，全面论述了人与环境的辩证统一关系，系统介绍了生态系统的理论和人类生态系统的研究方法。人类生态学阐述了可持续发展与人类生态学的关系，以及可持续发展的生态伦理建设、生态体制建设、生态工程建设和生态产业建设。

人类只有一个地球，地球是人类共同的家园。人类生态学就为人类的生存和发展指明了方向，提出了一条可持续的发展模式，主张与自然和谐共进。然而，要实现这一点，就要尽量避免以牺牲环境为代价换来的发展，以破坏和污染环境赢得的利益诉求。另外，作为社会的人，人类生态学认为环境和人类文化是相互制约、相互影响的。为了使环境朝着有利于人类文明进化的方向发展，人类就必须用科学调整自己的行为，不断修复和改善我们赖以生存的环境，从而与环境协同共进，实现可持续发展。所以，人类生态学的实质就是走可持续发展之路，实现人与环境和谐共进。

但是，随着工业化和经济全球化的发展，人类活动对风景的影响和作用力越来越明显。不仅如此，人们在欣赏自然风景的时候，一些不良的人类行为使得风景遭受破坏和污染，从而大打折扣。因此，在人类活动的过程中，一定要注重对环境的保护，维护好良好的气象风景，避免滋生气象灾害。

总之，在我们的生活中，风景无处不在，它时常会不经意地进入我们的视线，比如亭、台、楼、阁和草、木、沟、壑等。这些各式各样的风景构成了人们眼前一道亮丽的风景线。然而人类活动往往会对自然风景造成一定的影响，使自然风景或多或少地产生变化，或是使自然风景印上人类活动的印记，使得自然风景的面貌发生改变。但是，不管作出任何的改变，都要符合人类生态学的要求，实现人和环境的协调统一，和谐共处。否则，“气象风景”就会向人类的不良行为予以报复，让人类为自己的行为付出惨痛的代价。

极端天气背后的人类推手

“天有不测风云”，说明天气状况、气象变化是难以捉摸和不好把握的。但是，天气状况和气象变化也是一门科学，可以作出预测和推断。不过，随着人类活动对环境的影响和作用，天气状况和气象条件变得越来越复杂，极端恶劣天气频繁出现，各种气象灾害层出不穷。

极端恶劣天气是指在一定地区一定时间内比较罕见的气象事件，这类天气状况平时可能也会出现，只是其强度和频率没有超出正常的水平。而极端恶劣天气往往具有强度大、持续时间长、破坏性大的特点。所以，极端恶劣天气对人们的生产和生活的危害是极大的。

比如，2013年7月，英国饱受自1976年以来最为极端恶劣的天气侵袭，损失惨重。据英国《每日电讯报》7月19日报道，英国持续的炎热天气已导致540人死亡。诺丁汉郡因持续的高温酷暑天气，公园湖水严重缺氧，大片鱼群死亡。连绵一个月之久的强降雨一直困扰着伍斯特郡和坎布里亚郡，有27人在水库游泳时溺亡，环境机构先后发布了两次洪水警告和13次洪水预警。48岁的格兰特·麦肯齐将这种惨不忍睹的场景描述为“世界末日”。热浪袭击过后，暴雨带来的山洪接踵而至，波及诺丁汉郡50余户人家，造成道路淤泥堆积，汽车深陷污水之中，损失严重。随处可见漂浮在道路上的家具和汽车。

2013年4月16日，苏格兰地区遭遇强沙尘暴袭击，造成大量农作物毁坏，不少农民的土地变成了“沙滩”。据统计，此次灾害对农作物造成了严重毁坏，损失达5万英镑（约合人民币47万元）。全国农民联盟因弗内斯分部部长默里·怀特表示：“原本估计这次沙尘灾害会造成约10%的农业损失，但后来发现损失远远不止10%，很可能会达到一半。”沙尘暴过后，沙子堆积高达4英尺（约1.2米）。当地农民卡梅伦·艾弗说：“我的农田周围堆起很高的沙子，以至只能看见栅栏顶部。”苏格兰马里区的政治中心埃尔根市花了一周的时间才做好灾后风沙清理工作。

2013年7月以来，美国死亡谷国家公园持续高温，最高气温一度飙升至128华氏度（约53.3摄氏度），接近100年前这里的最高气温纪录

134 华氏度（约 56.7 摄氏度）。游客们甚至借此机会在公园内的石头上煎起了鸡蛋。而煎蛋的步骤更变得异常简单，只要将鸡蛋直接打碎在混凝土或石块上，一会儿工夫就可以完成，可见天气之热。

无独有偶，澳大利亚高温引发灾难，部分地区温度计破表。2013 年 1 月，澳大利亚被滚滚热浪包裹，多地气温达到 40℃，甚至 44℃。此外，高温还引发山林大火，导致多人死亡和失踪。澳大利亚山火更是继续蔓延。南澳部分偏远地区的温度甚至飙升至温度计的最高温度，达到 54℃。同时，悉尼的气温达到 42℃。在澳东南部的塔斯马尼亚，由于房屋被山火吞噬，人们纷纷逃离家园，有至少 100 人失踪。

2013 年 5 月 31 日，一场剧烈的龙卷风“EF3”席卷了美国俄克拉荷马州。这场龙卷风造成至少 100 人受伤，大量房屋被毁，专业追风暴者死亡人数上升至 12 人。除了俄克拉何马州，密苏里州也遭到风速高达每小时 150 英里（约合 241.5 公里）的龙卷风袭击。在这次袭击中，约 71 户房屋严重损毁，100 余人有不同程度的受伤，20 多万受灾者滞留在电源被切断的受灾区。

2013 年 2 月 21 日，日本东北地区连日遭遇暴雪袭击，使得青森县青森市的积雪超过 5 米高，创下了该地区近年来的最高纪录，而且有部分低层房屋被掩埋，即使是公寓楼，低层楼房也没有幸免。但是，这并不是日本历史上最大的雪。昭和二年（1927 年），滋贺县的积雪厚度曾达到 11.82 米。

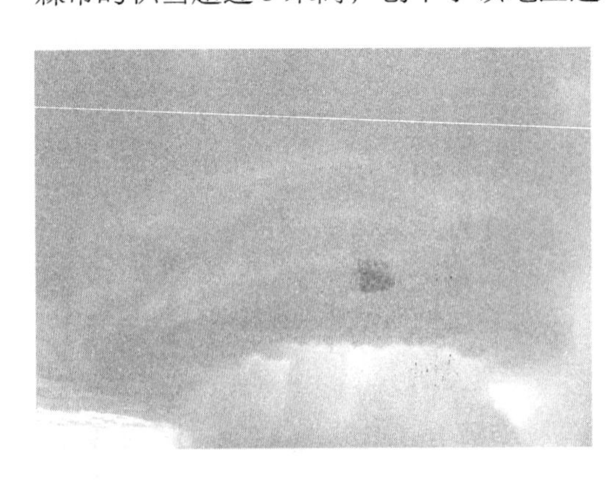

2013 年 1 月，由加拿大

而来的北极气团持续席卷大部分的美国地区，致使美国北方部分地区呈现出了“冰河时代”的面貌。受寒冷风侵袭，美国威斯康星州温尼贝戈湖畔出现大量冰块，从而堆积成为约25英尺（约7.6米）高的“冰山”。这些堆积而成看起来“壮观”的冰块甚至延伸到了附近街区和院子，对民众财产造成了损失，且堵塞了道路。威斯康星州的一处冰锥甚至损坏了一棵树和一个灯桅。

2013年1月，热带气旋“奥斯瓦德”肆虐澳大利亚东部，所到之处，狂风大作，暴雨如注。当地时间1月28日，昆士兰州因强降水爆发了洪水，导致数人死亡，数百座房屋被淹没。昆州的一个海滨小镇在大风和海浪的共同作用下，惊现海浪泡沫奇观，如同被白雪覆盖，某些区域的泡沫甚至高达3米。

这些极端恶劣的天气状况各种各样，层出不穷，给人们的生产和生活带来了极大的损失，给人们的人身安全带来极大伤害。因为天气事件是与气候状况紧密地联系在一起的，气候变化会直接导致天气状况的变化，除此之外，全球变暖、人类活动其实也是不可忽视的重要因素。

那么，全球变暖会影响和导致极端恶劣天气吗？据气象气候专家研究，一般认为全球气候变暖会导致极端天气频率的增加和强度的增大。有些极端天气，比如高温、暴雨等，很可能就是受到全球变暖的影响。这个结论基于观测数据以及气候学家对气候系统研究的结果，是比较可信的。

但是，也有些专家认为，人类活动直接影响导致了极端恶劣天气的发生。众所周知，气候系统是一个由大气、海洋、冰和陆地构成的复杂系统。其各个组成部分内都存在着多种物理、化学和生物过程，除此之外，各组分之间还能相互作用。根据气候学、大气科学、海洋学等各个领域内专家对于导致气候变化的因素的研究，我们一般把这些因素分为两大类，即自然因素和人为因素。

其中，自然因素是影响气候变化的基本因素，这点人们大都清楚。除但了自然因素之外，人为因素也是不可忽视的。英美科学家在《美国气象学会公报》上称，澳大利亚和新西兰暴雨、东非干旱与欧洲西南部创纪录的冬季干旱，与人类活动有关。英美专家通过分析 2012 年包括美国与非洲干旱，欧洲、澳大利亚、中国、日本与新西兰暴雨等 12 宗恶劣气候事件发现，其中 6 宗与气候变迁有关，而人类使用化石燃料则是导致气候变化的最大原因之一。

通过用空气湿度、大气层气流、海水温度及海平面高度等因素作为测量变量，进行数千次电脑模拟后，科学家发现这些极端气候事件约有一半是因为海水温度与气温较高等原因，导致灾情比预期要严重得多。海水温度与气温升高，是因为大气层中温室气体与气胶微粒增加而导致的，这与人类大量消耗化石燃料密不可分。一个典型的案例就是 2011 年的新西兰暴雨事件。2011 年 12 月新西兰 2 天内降雨量高达6 740 毫米，是 500 年一遇的超级大降雨。

另外，气候学家们通过包含自然因素和人为因素的数值模式模拟了过去几十年气候变化的过程。他们发现仅仅包含自然因素的模型不能反映观测到的过去几十年发生的全球变暖现象，而包含了人为因素的模型则能很好地重现观测到的趋势。因此，科学家们认为我们现在正在经历的全球变暖有非常大的可能是由于人类活动所致。

既然人类活动可能是导致全球变暖的主要原因，再加上全球变暖可以影响到某些极端天气的强度和发生频率，那么也就是说，人类活动改变了极端天气的强度和频率，切切实实影响到了整个气候系统。因此，人类活动是极端恶劣天气的背后推手。

可见，人类活动是导致气候变化，极端恶劣天气出现的重要原因。具体来说，人类活动主要通过三种方式来影响气候。

1. 燃烧化石燃料排放温室气体

随着工业化和经济全球化的推进，化石燃料的需求量越来越大，人们对化石燃料的使用也越来越多、越来越广。然而，化石燃料在燃烧的过程中会释放大量的温室气体。温室气体在大气中增多，导致的温室效应就会增强，继而使地球大气层的辐射平衡发生变化，使更多的热量困在地表附近，导致平均温度升高，从而对整个气候产生影响。

2. 燃烧化石燃料排放气溶胶

人类燃烧化石燃料还会排放大量的气溶胶、烟尘、硫化物等。这些都会影响辐射能量在大气内部的传播和吸收，从而影响气候变化，作用于天气状况，诱发或加剧极端恶劣天气。

3. 破坏植被，大面积的毁林行为

地表状况的改变，比如破坏植被、大面积的毁林等，也会影响地表对太阳辐射的反射，对气候有相应的影响，继而对极端恶劣天气产生极大的作用力。

背景复杂的厄尔尼诺现象

厄尔尼诺现象是太平洋的一种反常的自然现象，是指在南美洲西海岸向西延伸，经赤道太平洋至日期变更线附近的海平面温度异常升高的现象。拉尼娜现象与厄尔尼诺相反，指东太平洋海水温度异常降低。厄尔尼诺现象对气候环境的影响是不可小觑的。那么，厄尔尼诺现象到底是怎么一回事呢？下面，就让我们一起走近厄尔尼诺，了解一下厄尔尼诺现象的来龙去脉。

一般来说，正常年份，赤道表面东风应力把表层暖水向西太平洋输送，在西太平洋堆积，从而使那里的海平面上升，海水温度升高。而东太平洋在离岸风的作用下，表层海水产生离岸漂流，造成这里海平面降低，下层冷海水上涌，海面温度降低。上涌的冷海水营养盐比较丰富，会使得浮游生物大量繁殖，为鱼类提供充足的饵料。鱼类的繁盛又为以鱼为食的鸟类提供了丰盛的食物，所以这里的鸟类甚多。同时，由于海水温度低，水温低于气温，空气层结稳定，对流不宜发展，赤道东太平洋地区降雨偏少，气候偏干；而赤道西太平洋地区由于海水温度高，空气层结不稳定，对流强烈，降水较多，气候较湿润。

当东南信风异常加强时，赤道东太平洋海水上翻就会异常强烈，降水异常偏少；而赤道西太平洋海水温度异常偏高，降水异常偏多。这也就是所说的拉尼娜现象。

可是每隔数年，东南信风减弱，东太平洋冷水上翻现象消失，表层暖水向东回流，导致赤道东太平洋海面上升，海面水温升高，秘鲁、厄瓜多尔沿岸由冷洋流转变为暖洋流。下层海水中的无机盐类营养成分不再涌向海面导致当地的浮游生物和鱼类大量死亡，大批鸟类亦因饥饿而死，形成一种严重的灾害。与此同时，原来的干旱气候转变为多雨气候，甚至造成洪水泛滥，这就是厄尔尼诺。

由此可见，厄尔尼诺现象是一种不可小觑的反常现象。那么，厄尔尼诺有什么影响和危害呢?

厄尔尼诺一词源自西班牙文，意为“圣婴”，孩子的意思。简单地说，它就像一口“暖池”，通过表层温度的变化对大气加热，产生变化进而给各地的天气带来变化，使原来干旱少雨的地方产生洪涝，而让通常多雨的地方出现长时间的干旱少雨现象。显然，这会造成一定的灾害，给人们的生产生活造成极大的危害。

比如，当厄尔尼诺出现时，将促使日本列岛及我国东北部地区夏季发生持续低温，并使我国北方大部分地区的降水有偏少的趋势。1982~1983 年间出现的厄尔尼诺现象是 20 世纪最严重的一次，在全世界造成大约 1500 人死亡和 80 亿美元的财产损失。其间，在美国西海岸，加州沿海公路被淹没，内华达等五个州的洪水和泥石流巨浪高达 9 米。

进入 20 世 90 年代以来，随着全球变暖，厄尔尼诺现象出现得越来越频繁。中国 1998 年夏季长江流域的特大暴雨洪涝就与 1997~1998 年的厄尔尼诺现象密切相关。当年厄尔尼诺强大的影响力一直从 1997 年上半年持续到 1998 年上半年。1998 年全球年平均气温达到 14.5 摄氏度，创下有现代气象记载以来的最高纪录；同年中国也遭遇历史罕见的特大洪水，美国农业遭遇数以亿美元计的损失，为此这一年的厄尔尼诺被称为 20 世纪最强烈的厄尔尼诺现象。

拿我国来说，厄尔尼诺现象的影响和作用就十分具有代表性。厄尔尼诺对我国的影响是明显而复杂的，其表现大致有以下几个方面：

（1）厄尔尼诺年夏季主雨带偏南，北方大部少雨干旱；

（2）长江中下游雨季大多推迟；

（3）中国北方夏季易发生高温、干旱；

（4）厄尔尼诺现象发生后，台风的产生个数及在中国沿海登陆个数均较正常年份少；

（5）在厄尔尼诺现象发生的次年，中国南方易发生低温、洪涝，近百年来发生在中国的严重洪水，如 1931 年、1954 年和 1998 年，都是发生在厄尔尼诺年的次年；

（6）在厄尔尼诺现象发生后的冬季，中国北方容易出现暖冬，温度明显要高于往年。

可见，厄尔尼诺现象对我国气候气象状况的影响是多方面的，这些影响都或多或少地给人们的生产和生活造成了损失。

据历史记载，自 1950 年以来，世界上共发生了 13 次厄尔尼诺现象，其中 1997 年发生的这一次最为严重，其主要表现为：从北半球到南半球，从非洲到拉美，气候变得古怪而不可思议，该凉爽的地方却骄阳似火，温暖如春的季节却突然下起大雪来，雨季到来却迟迟滴雨不下，正值旱季却洪水泛滥……

同时，厄尔尼诺现象往往会使大量的冷水性浮游生物遭到灭顶之灾。另外，气象学家查阅了第二次世界大战以来30余年的天气档案，发现几次重大的“厄尔尼诺”现象发生年，都出现过全球性的天气异常。1972年的全球天气异常，就与当年厄尔尼诺暖流特别强大有关。这一年我国发生了新中国成立以来最严重的一次全国性干旱。与此同时，有一些国家和地区却发生了严重洪水，非洲突尼斯出现了200年一遇的特大洪水，秘鲁出现了40年来最严重的水灾。1982年年底又出现了厄尔尼诺暖流，东太平洋近赤道地区的海水异常增温，范围越来越大，圣诞节前后，栖息在圣诞岛上的1 700多只海鸟不知去向，接着秘鲁大雨滂沱，洪水泛滥。到1983年，厄尔尼诺现象波及全球，美洲、亚洲、非洲和欧洲都连续发生异常天气。

因此，厄尔尼诺现象是不容忽视的，从厄尔尼诺的这些影响和作用中，我们也不难发现，厄尔尼诺现象具有极大的危害性。那么，厄尔尼诺这种反常现象到底是由什么因素导致的呢？如今，厄尔尼诺现象越来越频繁，强度越来越大是什么原因造成的呢？

其实，对于厄尔尼诺形成的原因，还有一定的异议。但是大多数科学家认为，造成厄尔尼诺现象的原因不外乎两大方面：一是自然因素，赤道信风、地球自转、地热运动等都可能与其有关；二是人为因素，即人类活动加剧气候变暖，也是赤道暖流事件剧增的可能原因之一。后来，经研究，科学家称厄尔尼诺现象的发生与人类自然环境的日益恶化有关，是地球温室效应增加的直接结果，与人类向大自然过多索取而不注意环境保护密不可分。具体来说，人类行为对厄尔尼诺的影响主要体现在以下几个方面。

首先，对厄尔尼诺现象的影响表现在人类活动影响了下垫面（大气下层直接接触的地球表面，即地球的水陆表面）的面貌，改变了下垫面的粗糙度、反射率和水热平衡等方面，从而引起局部地区气候的变化。同时，随着人类社会的发展，其影响的广度和深度日益加强，人类活动对厄尔尼诺的影响力也越来越大。

其次，人类的各种各样生产和生活活动，增加了全球大气的污染，影响了地球大气对太阳辐射的反射散射作用，增强了对入射的太阳光的吸收，从而导致气温的升高。

随着工业的发展，工业、交通和生活上各种燃料的燃烧使得大气中的二氧化碳含量不断增加，据计算，1860~1970 年大气中的二氧化碳的含量增加了 10%。二氧化碳能透过太阳的短波辐射，强烈地吸收地面的长波辐射，所以，它对地面起着保温作用，大气的“温室效应”的强弱与二氧化碳的浓度有密切的关系。二氧化碳浓度增加，“温室效应”的作用也增强，低层大气对流层的温度将升高。到 2009 年，全球大气中二氧化碳的含量将达 400 ppm。据此推算，全球大气的平均温度将升高 1 摄氏度，到 2040 年，将升高 2 摄氏度。

燃料燃烧后排出的烟尘微粒和自然植被被人类破坏后为大风刮起的尘埃，以及其他人为原因造成的尘埃，增加了大气中的烟尘、微粒的数量。其中，有许多半径小于 20 微米的气溶胶粒子，悬浮在大气中，就像一把伞把阳光遮住了一样，减弱了太阳辐射，导致地面气温降低。同时，大气中的烟尘微粒又提供了相当丰富的凝结核，创造了降水形成的有利条件，增多了降水的机会，降水的增加，对地面的气温也起到了冷却作用。

随着工业的发展，大量的废油排入海洋，形成一层层薄薄的油膜散布在海洋上。这层油膜能抑制海面水分的蒸发，阻碍潜热的释放，引起海水温度和海面气温的升高，加剧气温的日、年变化。同时，由于蒸发作用减弱，海面上的空气变得干燥，减弱了海洋对气候的调节作用，使海面上出现类似沙漠的气候，因而，有人将这种影响称为“海洋沙漠化效应”。

总之，人为因素对气候的影响是复杂的。但其影响主要是通过以下三种途径进行的：一是改变下垫面的性质；二是改变大气中的某些成分(二氧化碳和尘埃)；三是人为地释放热量。这些影响的效果又互相不同，有的增暖，有的冷却，有的增湿，有的变干。而这些影响又是叠加在自然原因上一起对气候产生影响的，且各个因子之间又互相影响，互相制约。因此，人类活动影响气候变化的过程是非常复杂的。所以，应对厄尔尼诺现象，人们一定科学地控制和管理自己的行为，尽量抵制这种人造的“风景”。

肆无忌惮的沙尘暴

沙尘暴是一种风与沙相互作用的灾害性天气现象。发生沙尘暴天气的时候，强风将地面的沙尘吹起来，使空气变得十分浑浊，一般水平下能见度往往会小于 1 公里。因此，沙尘暴的对人们的影响是不容忽视的。

尤其是，随着人们经济活动的日益活跃，工业化以及经济全球化的推进，沙尘暴越来越猖獗，对人们的危害越来越大，而且沙尘暴发生的强度和频率越来越印上人类的痕迹。甚至，从某种程度上讲，沙尘暴成了一道人造的风景。

一般来说，沙尘天气主要发生在冬春季节。由于冬春季节降水较少，地表异常干燥松散，抗风蚀能力很弱，在有大风刮过时，就会将大量沙尘卷入空中，形成沙尘天气。但是，沙尘天气也并不是在所有有风的地方都能发生，它的形成也是有条件的。只有在那些气候干旱、植被稀疏、沙化严重的地区，在大风天气条件下，裸露土地的泥沙很容易被大风卷起时才形成沙尘暴甚至强沙尘暴。也就是说，要想形成沙尘天气，就要满足三个方面的条件，即有利于产生大风或强风的天气形势，有利的沙、尘源分布和有利的空气不稳定条件。

其中，有利于产生大风或强风的天气形势是基础条件，是产生沙尘暴天气的重要支撑；有利的沙、尘源是产生沙尘暴的物质基础和前提，它使沙尘暴的产生成为可能；有利的空气不稳定条件是动力基础，为沙尘暴天气强风的形成提供必要的条件。所以，沙尘暴的形成就是在这三种作用力的影响下产生的。

同时，沙尘暴天气的危害也是不容小觑的，它往往会给人们的生产、生活造成极大的损失。作为一种强灾害性天气，沙尘暴天气可造成房屋倒塌、交通供电受阻或中断、火灾、人畜伤亡等，污染自然环境，破坏作物生长，给国民经济建设和人民生命财产安全造成严重的损失和极大的危害。

从沙尘暴天气的作用形式来看，沙尘天气会形成沙埋、风蚀、大风袭击。沙尘暴常以排山倒海的势头向前移动，下层的沙粒在狂风驱动下滚滚向前，当遇到障碍物或风力减弱的时候，沙粒落下来，就会埋压农田、村庄、工矿、铁路、公路、水源等。这种危害一般出现在有风沙入侵绿洲和戈壁滩的地段，也可出现在沙漠、片状沙地相连接的狭长地带。

风蚀的作用力也是很强的。强大的风力对地表物质吹蚀，就像是用刀子刮东西似的。风蚀土壤不仅仅把土壤里的细腻的黏土矿物和宝贵的有机物质刮跑了，而且还会把带来的细沙堆积在土壤表层，使原来比较肥沃的土壤变贫瘠。而造成风蚀作用的元凶就是大风袭击。伴随着沙尘暴的大风，所到之处狂风怒吼，能把大树连根拔起，刮倒墙壁、毁坏房屋、刮翻火车、摧毁电杆，造成人、畜伤亡。

从沙尘天气具体造成的危害和破坏性来看，沙尘天气的危害大致有以下几个方面。

1. 生产生活受影响

沙尘暴天气携带的大量沙尘蔽日遮光，天气阴沉，造成太阳辐射减少，几小时到十几个小时恶劣的能见度，容易使人心情沉闷，工作学习效率降低。轻者可使大量牲畜患呼吸道及肠胃疾病，严重时将导致大量牲畜死亡、刮走农田沃土、种子和幼苗。同时，沙尘暴还会使地表层土壤风蚀、沙漠化加剧，覆盖在植物叶面上厚厚的沙尘，影响正常的光合作用，造成作物减产。另外，沙尘暴还使气温急剧下降，天空如同撑起了一把遮阳伞，地面处于阴影之下变得昏暗、阴冷。

2. 生命财产受损失

沙尘暴天气会给人们的生命财产带来巨大损失。1993 年 5 月 5 日，发生在甘肃省金昌市、武威市、武威市民勤县、白银市等地市的强沙尘暴天气下，受灾农田 253.55 万亩，损失树木 4.28 万株，造成直接经济损失达 2.36 亿元，死亡 50 人，重伤 153 人。2000 年 4 月 12 日，永昌、金昌、武威、民勤等地市发生强沙尘暴天气，据不完全统计，仅金昌、武威两地市直接经济损失就达 1 534 万元。

3. 影响交通安全

沙尘暴天气往往会影响交通安全，引发飞机、火车、汽车等交通事故。比如，造成飞机不能正常起飞或降落，使汽车、火车车厢玻璃破损、停运或脱轨等。比如，1993 年 5 月 5 日午后，西北地区出现了一次强沙尘暴天气，首先在金昌西北方出现了一堵风沙墙，10 分钟后，市区狂风大作、沙尘翻滚、天昏地暗，伸手不见五指，还不时发出沉闷的雷鸣声，天地间一时显现出极为恐怖的景象。这种状态在金昌市持续了近 3 个小时，给当地的交通造成了严重的破坏，甚至一时造成交通瘫痪。

4. 危害人体健康

当人暴露于沙尘天气中时，含有各种有毒化学物质、病菌等的尘土可透过层层防护进入口、鼻、眼、耳中。这些含有大量有害物质的尘土若得不到及时清理将对这些器官造成损害或病菌以这些器官为侵入点，引发各种疾病。同时，出现沙尘暴天气时，狂风挟裹的沙石、浮尘到处弥漫，凡是经过地区呛鼻迷眼，呼吸道等疾病人数增加。

5. 生态环境恶化

沙尘暴天气还会造成生态环境恶化，给生态环境造成极大破坏。由于风沙作用，整个地球每年散发到空中的尘土达每平方公里 2~200 吨。

据观测，中亚地区的尘埃能够被西风气流搬运到 1 万公里以外的夏威夷群岛。这些尘埃中含有许多有毒矿物质，会严重污染大气，对人体、牲畜、农作物、林木等产生危害，并可引起人们的眼病和呼吸道感染等疾病。同时，沙尘暴天气还会使室内室外空气质量大幅度下降。比如，1993 年 5 月 5 日发生在金昌市的强沙尘暴天气发生时，监测到的室内外空气含尘量超过国家规定的生活区内空气含尘量标准的 40 倍。而且，沙尘暴天气还会引发很多的环境问题。

可见，沙尘天气对人们的危害是不容小觑的，它产生的破坏力往往是惊人的。然而，这种灾害性天气除了是特定的自然环境条件下的产物，还与人类活动存在着极大的对应关系。特别是近现代以来，沙尘暴天气越来越打上人类活动的烙印。比如，人为过度放牧、滥伐森林植被，工矿交通建设尤其是人为过度垦荒破坏地面植被，大规模施工扰动地面结构，形成大面积沙漠化土地，直接加速了沙尘暴的形成。

其中，人为地过度放牧、滥伐植被使得地表裸露缺乏一定的植被保护，一旦大风来袭，就极很有可能引发沙尘天气，造成极大危害。大规模施工建设，对地表大肆破坏，不注重后续的保护和修复，也会使地表裸露，为沙尘暴发生发展提供了细沙和尘土，从而使沙尘暴的发生有了沙尘基础。这个时候，如果天气状况符合沙尘暴发生的条件，那么沙尘天气就毫无悬念地形成了。相反，如果地表植被良好，即使是大风来袭，但因为缺乏一定的沙尘源，沙尘暴也无法形成。

另外，人口的膨胀是导致过度开发自然资源、过量砍伐森林、过度开垦土地的原因，也是沙尘暴频发的重要原因。加上，在工业化和经济全球化的发展形势下，人们对于经济发展速度和利益的追求有增无减，因此，人们往往会以牺牲环境为代价，不计后果，过度开发资源，破坏植被，使得沙尘天气越来越肆无忌惮。所以，在某种意义上来说，沙尘天气的肆虐是人造的风景，是人类不合理、不科学活动的结果。而且，生态系统有自我修复的能力，如果人类活动不对生态环境进行无休止的破坏，植被的自我修复功能也能使沙尘天气得到一定的改善和好转。

因此，对于沙尘暴天气给人们造成的危害，人们并不是无能为力，只能逆来顺受，相反，沙尘天气很大程度上是“人造风景”，人类活动扮演着十分重要的角色，所以要想减少或遏制沙尘天气的危害，首要的任务就是要约束和控制人类自身的行为，注重恢复和保护地表植被，在人类活动的过程中，注重经济利益的获得与环境保护相协调。只有这样，这道人造的风景才能真正得到改善，成为令人赏心悦目的一幕。否则，以破坏环境为代价就是饮鸩止渴，得不偿失。

雾霾让天空蒙上了一层纱

雾霾，是雾和霾的组合词，常常出现于城市，尤其是一些大中城市。而且，它的危害性是不容小觑的。雾霾的存在使得天空蒙上了一层纱，让蓝天碧海离我们远去。不仅如此，频发的雾霾还具有一系列的危害，使得人们饱受其苦。下面，我们就来看一下这道“人造风景”。

雾霾天气，是一种天气现象，但是这种天气现象却是对人们危害极大的。具体来说，这种看得见、抓不着的雾霾天气的危害主要体现在以下几个方面。

1. 危害身体健康

雾霾天气对人体健康的危害是最为直接的，也是最为严重的。首先，雾霾天气气压低，湿度大，人体无法排汗，诱发心脏病的概率会越来越高。哈佛大学公共卫生学院证明，阴霾天中的颗粒污染物不仅会引发心肌梗死，还会造成心肌缺血或损伤。美国调查了 2.5 万名有心脏病或心脏不太好的人，发现 PM2.5 增加 10 微克/立方米后，病人病死率会提高 10%~27%。同时，雾霾天空气中污染物多，容易诱发心血管疾病的急性发作。雾霾严重的时候，会造成人们胸闷、血压升高。加上，雾霾天往往气温较低，一些高血压、冠心病患者从温暖的室内突然走到寒冷的室外，血管热胀冷缩，也可使血压升高，导致中风、心肌梗死的发生。

而且，雾霾天气还会诱发呼吸道疾病。因为，雾霾中含有大量的颗粒物，这些包括重金属等有害物质的颗粒物一旦进入呼吸道并粘着在肺泡上，轻则会造成鼻炎等鼻腔疾病，重则会造成肺部硬化，甚至还有可能造成肺癌。而且，雾霾天气时光照严重不足，接近底层的紫外线明显减弱，使得空气中细菌很难被杀死，从而传染病的传播概率大大增加。

除此之外，雾霾天气还会伤肺。因为，呼吸系统与外界环境接触最频繁，且接触面积较大，数百种大气颗

粒物能直接进入并黏附在人体上下呼吸道和肺叶中，并且大部分会被人体吸入。不仅如此，雾霾天气还会伤害皮肤，伤害大脑以及生殖泌尿系统。因为，皮肤也有呼吸功能，在一个很脏的环境里，皮肤会很不舒服。美国第 65 届老年医学会年会有个结论：空气中 PM2.5 增加 10 微克/立方米，人的脑功能就会衰老 3 年。

2. 影响生活质量和幸福感

雾霾天气还会严重影响人们的生活质量以及人们对生活的幸福感。因为，发生雾霾天气的时候，气压比较低，在较低的气压下，人们往往会产生一种烦躁的感觉。这无疑会影响人们的心情，使人变得急躁和不安。长期生活在这样的环境下，就会使人的生活质量大大下降，幸福感降低。同时，雾霾天气状况下，人们的生活、工作状态都会受到极大的影响，使得人们的消极情绪急剧上升。因此，雾霾天气对人们心理的影响也是极大的。

3. 影响正常的交通秩序

雾霾天气往往还影响正常的交通秩序。因为，雾霾天气时，空气质量差，能见度低，而这极容易出现车辆追尾相撞的事故，影响正常交通秩序，从而对大家出行造成不便。尤其是在一些大中城市，车辆众多，交通本来就有极大的压力，再加上雾霾天气，交通拥堵以及交通事故的发生率就会急剧上升，使得人们的生命财产遭受损失。

不仅是公路，雾霾天气对铁路、航空、航运也会造成极大的破坏，使航班停运、铁路延误、高速公路封闭，从而使得整个交通体系面临极大的考验和挑战，给机场、火车站和汽车站带来极大的工作压力。

4. 对经济产生重大的破坏性

雾霾天气的频发不仅给人们的工作和生活带来了严重的影响，还对经济产生极大的破坏性。首先，雾霾天气对供电系统、农作物生长等均产生重要影响。因为，在线路输电过程中，吊瓶、瓷瓶等绝缘设备表面若附有大量雾滴则会大大降低绝缘的性能和安全系数。

从最近几年的雾霾天气影响来看，雾霾天气不但对城市供电设施产生了严重影响，对长距离输电线路也造成了严重危害。由于雾霾主要是由水滴和颗粒物组成的，因此在雾霾中的输电线路上的水滴和颗粒物必然增多，会给输电线路的安全性造成严重影响，不利于电力传输。而且，由于雾霾中的水滴和颗粒物会附着在输电线路上，因此会加重输电线路的质量，使输电线路的下垂度增加，加重输电线路支架的负担，存在安全隐患。

同时，雾霾天气对于农业生产同样有着极大的危害。因为，雾霾天气的出现遮蔽了阳光，使阳光难以直射植物，使农作物的日照时间缩短，难以保证充足的日照量，严重时会造成农作物减产。在我国容易爆发雾霾天气的地方，农作物产量普遍要低于气候正常地区的产量。而且，由于雾霾中的颗粒物含有毒素，也会给农作物带来安全隐患。所以，对于农业生产而言，雾霾天气产生了严重影响，不但使农作物减产，还影响了农业生产的整体效益。

5. 严重破坏和污染大气环境

雾霾天气还会严重破坏和污染大气环境，使空气质量大幅度下降。因为，雾霾天气时，大气中悬浮着大量的颗粒污染物等有毒有害物质。这些物质不仅使大气能见度锐减，而且使空气质量遭到威胁。也正是因为如此，雾霾天气对人们的身体健康造成了极大的危害。因此，雾霾天气对大气环境的破坏是尤为严重的，它会引发一系列的问题。

可见，雾霾天气的危害以及对人们造成的负面影响是极大的。那么，雾霾天气是什么原因造成的呢？雾霾天气为什么近些年来如此频发而且越来越严重地爆发呢？

其实，雾是由水汽组成，水汽遇冷就结雾，雾本身并不是一种污染。和单纯的雾相比，“霾”又称大气棕色云，由细小颗粒物组成，是空气遭受污染的产物。而雾和霾混合在一起就会造成极大的危害，产生不容小觑的破坏力。

就雾霾的形成过程来看，一般来说，雾霾天气是特定的气候条件和人类活动相互作用的结果。而且，人类活动常常发挥着十分重要的推波助澜的作用。特别是近些年来，持续且频发的雾霾天气很大程度上就是人类活动的结果。尤其是，随着工业的快速发展，工矿企业对环境的污染和破坏日益加剧，使得雾霾的产生越来越频繁，越来越严重。因为，从根本上来说，雾霾天气是环境污染带来的恶果，雾霾主要就是由工业排放、民用排放和汽车尾气排放等几个方面组成的。因此，雾霾是一道人造的“风景”，是人类破坏环境的结果。

其中，燃煤、机动车、工业扬尘等这些污染源的污染物排放量大，是造成空气严重污染的根本原因。导致空气质量下降的污染物有二氧化硫、二氧化氮、一氧化碳、可吸入颗粒物、臭氧等。在一些地区，尤其是大中城市，工业生产、机动车尾气、建筑施工、冬季取暖烧煤、居民生活（如烹饪、热水等）等排放的有害物质难以扩散，导致空气质量显著下降。

从城市发展情况来看，城市楼房越来越高，越来越密，对于气压低时本就不易流动的空气而言，更是雪上加霜，而且楼房表面产生的张力会助长雾霾的形成。城市规模的扩大不但使城市人口数量猛增，同时机动车数量、工矿企业数量和城市基础设施数量也出现了大幅增加，对城市的空气造成了严重影响。机动车数量的增加和工矿企业数量的增加，都增加了废气的排放，对城市空气造成了严重污染，使城市空气处于重度污染状态。在这一情况下，一旦遇到大雾天气或者其他恶劣天气，就容易产生雾霾，给居民出行和生活带来严重影响。所以，从目前城市雾霾的产生来看，工业生产、机动车尾气和冬季取暖是雾霾产生的主要原因。

同时，由于在城市规划和建设的过程中不注重城市生态环境的保护，绿化设施的建设，使得地面灰尘大，空气湿度低，人和车流很容易使地面上的灰尘搅动起来。而且，随着城市的经济发展，城市能产生毛细现象（指液体表面对固体表面的吸引力，毛巾吸水、地下水沿土壤上升都是毛细现象）的地面越来越少，这样不仅地面干燥，微小颗粒容易形成雾霾，而且雾霾颗粒也不易被地面吸收，这样雾霾升起、落下就会产生循环，而且不易根治。

因此，面对频发的雾霾天气，人们一定要改变人类行为，加快经济转型，注重工业产业结构调整，发展绿色环保经济，建立健全环境保护机制和体系，保证经济发展中能够合理考虑环境保护因素，正确运用环境保护手段，提升环境保护能力，使经济发展符合环境保护需求，最终让人们远离雾霾。

令人忧心忡忡的旱涝灾害

在各种气象灾害中，旱涝灾害是让人最为心惊胆战的一种。特别是对农业生产来说，旱涝灾害的危害更是不容小觑。人们常说“水火无情”，对水来说，它不仅是生命之源，也是生命的最大威胁。不管是干旱还是洪涝，都涉及水的问题，都会对人们的生产生活产生极大的影响和破坏。

其中，旱灾是指土壤中水分严重不足，不能满足农作物和牧草生长的需要，从而造成较大的减产或绝产的灾害。旱灾是一种普遍性的自然灾害，我国通常将农作物生长期内因缺水而影响正常生长称为受旱，受旱减产三成以上称为旱灾。经常发生旱灾的地方为易旱地区。

易旱地区旱灾的形成主要取决于气候。通常将年降水量少于 250 毫米的地区称为干旱地区，年降水量为 250~500 毫米的地区称为半干旱地区。世界上干旱地区约占全球陆地面积的 25%，大部分集中在非洲撒哈拉沙漠边缘、中东和西亚、北美西部、澳大利亚的大部和中国的西北部。这些地区常年降雨量稀少而且蒸发量大，农业主要依靠山区融雪或者上游地区来水，如果融雪量或来水量减少，就会造成干旱。世界上半干旱地区约占全球陆地面积的 30%，包括非洲北部一些地区、欧洲南部、西南亚、北美中部以及中国北方等。这些地区降雨较少，而且分布不均，因而极易造成季节性干旱，或者常年干旱甚至连续干旱。

旱灾在世界范围内普遍性大，其中，波及范围最广、影响最为严重的一次旱灾，是 20 世纪 60 年代末期在非洲撒哈拉沙漠周围一些国家发生的大旱，遍及 34 个国家，近一亿人口遭受饥饿的威胁。

我国遭受的干旱威胁也很大，而且自古有之。据统计，公元前 206 年~1949 年，中国曾发生旱灾 1 056 次。16 世纪至 19 世纪，受旱范围在 200 个县以上的大旱，发生于 1640 年、1671 年、1679 年、1721 年、1785 年、1835 年，1856 年及 1877 年。1640 年，我国不同地区先后持续受旱 4~6 年，旱区“树皮食尽，人相食”。20 世纪以来，1920 年陕、豫、冀、鲁、晋 5 省大旱，灾民 2 000 万人，死亡 50 万人；1928 年华北、西北、西南等 13 个省 535 个县遭旱灾；1942~1943 年大旱，仅河南一省饿死、病死者即达数百万人；1987 年特大干旱，也给人们造成了极大的损失。

可见，旱灾的危害是不容小觑的，它不仅仅给农业生产造成了严重损失，使得农作物减产甚至是绝产，还会因此造成一系列的问题和灾害，给人们的生产生活带来压力和困难。同时，旱灾的发生还会使工业生产用水和城市供水面临紧张状况，给人们的生产生活带来不便，影响工作效率和生活质量。而且，旱灾的爆发还会严重影响生态环境，使众多的生物面临生存危机和考验，使得生物的生存状况遭遇困境、面临风险。

另外，长期持续的旱灾状况，还会使地面下沉，地下水位降低，从而给人类的生存环境造成破坏。

除了旱灾之外，洪涝灾害的危害也是不容小觑的。洪涝灾害是指本地降水过多，地面径流不能及时排出，农田积水超过了农作物的耐淹能力，造成农业减产的灾害。自古以来，洪涝灾害就是困扰人类社会发展的重大自然灾害。我国有史以来文字记载的第一页就是劳动人民和洪水斗争的光辉画卷——大禹治水。时至今日，洪涝依然是对人类影响最大的灾害之一。我国长江连年洪灾给中下游地区带来极大的损失，严重损害了社会经济的健康发展。洪涝灾害会给人们造成极大的经济损失。比如，2010 年 8 月巴基斯坦大洪水，导致 1.7 万人丧命，直接经济损失高达约 50 亿美元，占 GDP 比重的 2.5%。

总之，旱涝灾害对人类的危害是极大的。拿我国来说，我国的生态环境具有复杂多变、脆弱敏感及人类活动影响显著的特点。我国是世界上受气象灾害最严重的国家之一。近年来，我国自然灾害发生的频率和造成的损失有明显的增加趋势。比如，20 世纪 50 年代我国自然灾害的损失折合 1990 年物价达 400 亿元左右，而到 1994 年仅洪涝灾害造成的直接经济损失就达近1 800 亿元。那么，这些危害极大的旱涝灾害是如何引起的呢？日益猖獗的旱涝灾害是否与人类活动有关呢？

其实，人类活动对旱涝灾害的影响是十分显著的，主要表现在以下两个方面：首先，人类活动过程中排出的温室气体日益增多，导致全球气候变暖，这种气象灾害直接影响到旱涝灾害的发生发展；其次，由于人类活动对自然界的强烈干扰使自然界越来越脆弱和敏感，从而加剧了旱涝灾害的发生。具体来说，人类活动对旱涝灾害的影响主要体现在以下几个方面。

1. 工业造成的温室效应加剧旱涝灾害

人类活动通过改变下垫面特性、改变大气成分和释放人为热三个途径影响着气候。种种迹象告诉我们，在十年到百年时间内的气候变化中，人类活动对气候的影响已达到了和自然因子作用相当的程度，特别是在工业化和经济全球化推进的过程中，人类活动导致的温室效应加剧了气候的变化和旱涝灾害的发生。

温室气体的最大排放源是矿物燃料的燃烧。目前，矿物燃料仍是世界上主要的能源，大约占到全部能源类型的 95%，同时，矿物燃料的使用在世界范围内还在以每十年 20%的速度增长。据联合国环境规划署和世界气象组织领导下的政府间气候变化顾问委员会的科学家们断定，如果矿物燃料的使用继续以当前的速度增加的话，那么到 21 世纪中叶以前，大气中的 CO_2 含量将翻一番，由此会引发严重的气候变暖和旱涝灾害问题。

对旱涝灾害来说，它与人类活动造成全球温室气体排放量增加有着直接关系。大气中温室气体明显增加，使得全球变暖，从而使降水分布格局有所改变，高纬度地区的降水量增多，而多数副热带大陆地区的降水量偏少。我国从 1986 年至 2007 年已连续经历了 21 个“暖冬”，尤其北方增温最为明显。这期间，西部、华南降水呈增加趋势，而华北、东北大部降水呈减少趋势。

2. 对淡水资源的过度开发，造成淡水资源短缺，引起干旱化

由于人口和灌溉面积的增加，人类过度开采地下水和地表水，破坏了水量平衡，导致干旱现象的加剧。如，黄河流域灌溉面积由 1950 年的 80 万公顷增加到770 万公顷，流域耗水量由 1950 年的 148 亿立方米增加到 488 亿立方米。黄河水资源的大力开发，使黄河下游频繁地出现断流现象，自 1972 年以来的 25 年间，有 20 年发生断流。特别是 1997 年春夏期间，黄河断流时间长达 132 天，断流距离达 672 公里，创造了近 200

年来断流时间、距离最长的纪录。黄河甚至可能因此成为“季节河”。这是人类活动加剧引起干旱的突出事例。

3. 毁林开荒、水土流失加剧旱涝灾害

我国当前面临的干旱问题与森林资源的破坏和水土流失有关。森林一方面可通过树冠截水以及枯枝落叶对地面的保护，使雨水加速渗透，减少降水造成的地表径流量，保持水土、涵养水分；另一方面森林自身还可提高湿度、增加降水、调节气候。由于对森林资源的过度开发，使森林覆盖率明显减少，从而加剧了干旱的发生。同时，水土流失破坏了地面植被和土层结构，降低了土壤的蓄水量，其直接后果有两种：一是由于降水和地表水及地下水之间的不平衡，造成水分短缺，带来水文干旱；二是由于土壤水和作物需水量之间的不平衡造成水分短缺，出现农业干旱。这使干旱既可出现在降水少的地区，又可出现在降水多的地区。

森林的破坏和水土流失同时也加剧着洪涝灾害的发生。随着森林覆盖率的降低，森林保持水土的能力减弱，导致暴雨季节地表径流量和产流量增大，洪峰量加大和洪峰到达的时间提前。由于水土流失，既可造成土壤这个巨大蓄水库的蓄水能力减弱，从而使流失地区的产流强度增强，产流时间缩短，加剧了洪涝灾害；又可使下游河床因泥沙淤积而抬高，泄洪能力变弱，洪水暴涨暴落，造成在同样降雨情况下，洪涝灾害明显加剧的现象。

4. 围湖垦田对洪涝灾害的影响

长江中下游平原和华北平原是中国淡水湖分布比较集中的地区，湖泊面积占全国湖泊面积 27.5%，且大多与河流相通，具有吞吐性，对地表水有巨大的调蓄作用。其中，鄱阳湖可拦蓄江西境内河流的大部分洪水，这对减轻长江汛期洪水起一定的作用。但是由于泥沙淤积和湖区不合理的围垦，使这些湖泊面积正在日益减小，降低了湖泊的调蓄能力，成为洪涝灾害加剧的原因之一。比如，太湖地区水面60年代以来被围垦侵占3.33万公顷，1991年太湖汛期降水量小于1954年，而洪水位却高于1954年。

5. 城市化的不良发展

城镇化是当前社会进步与发展的一种体现，但城市发展和建设对洪涝灾害的加剧有不可忽视的作用。首先，由于城市的发展，不渗透地面迅速增加，加大了降水后的地表径流量，缩短了汇流时间，洪峰流量成倍增长。“涨水快、水位高、退水慢”是近半个世纪以来长江三角洲地区城市水文变化的显著特征，也是城市建设发展对洪涝灾害影响的突出表现。其次，城市热岛效应的增强有可能提高城市的暴雨频率。另外，由于城市规划布局上的问题，规划者缺乏或较少考虑防洪措施，也是洪涝灾害加剧发生的原因之一。

可见，人类活动对旱涝灾害的影响和作用是不容小觑的。人们常说，“人祸胜于天灾”，看来旱涝灾害很大程度上也是人造的“风景”。因此，人们应该科学管理自身的行为，在城市规划和建设中应该考虑气候变化，转变经济增长方式，实施工业减排，通过提高能效、改善能源结构等措施减少温室气体排放。同时，要节约用水，合理调配水资源，加强居民的节水意识，并配套建设中水回用设施；在农业方面，应该推广节水灌溉设施，避免水资源的浪费。

第五章

因小失大的“生态风景”

生态环境是人们生存和发展的根本，与每个人都是息息相关的。同时，生态环境也是一个可以自我修复的系统。但是，在人类活动的参与下，生态环境越来越面临着极大的压力和挑战，尤其是随着工业化和经济全球化的发展。生态风景牵一发而动全身，人类不合理的活动有时看似无足轻重，但是却极有可能会因小失大，给生态环境造成极大的压力，给我们的生存环境带来危机。

什么是“生态风景”

生态环境与人类密切相关，影响着人类生活和生产活动的各种自然（包括人工干预下形成的第二自然）力量（物质和能量）或作用，是一个十分重要的环境概念。同时，在人与环境相处的过程中，它也具有重要的指导意义。充分利用了生态理念的景观也就是生态景观。

生态环境是使用较多的科技名词之一，是生态和环境两个名词的组合。其中，生态一词源于古希腊，原来是指一切生物的状态，以及不同生物个体之间、生物与环境之间的关系。德国生物学家海克尔 1869 年提出生态学的概念，认为它是研究动物与植物之间、动植物及环境之间相互影响的一门学科。

相对于生态而言，环境是相对于某一中心事物而言的。人类社会以自身为中心，把环境理解为人类生活的外在载体或围绕着人类的外部世界。也就是说，人类赖以生存和发展的物质条件的综合体，实际上就是人类的环境。

人类环境一般可以分为自然环境和社会环境。自然环境又被称为地理环境，即人类周围的自然界，包括大气、水、土壤、生物和岩石等。地理学中，把构成自然环境总体的要素划分为大气圈、水圈、生物圈、土壤圈和岩石圈5个自然圈。社会环境指人类在自然环境的基础上，为不断提高物质和精神文明水平，在生存和发展的基础上逐步形成的人工环境，如城市、乡村、工矿区等。在《中华人民共和国环境保护法》中，对于环境的定义是“影响人类生存和发展的各种天然的和经过人工改造的自然因素的总体”。

因此，生态与环境既有区别又有联系。生态偏重于生物与其周边环境的相互关系，更多地体现出系统性、整体性、关联性，而环境更强调以人类生存发展为中心的外部因素，更多地体现为人类社会的生产和生活提供的广泛空间、充裕资源和必要条件。然而，生态与环境结合在一起，则综合体现了人与环境之间的关系。

生态环境是人类生存所需的最基本的条件，如果我们破坏了生态环境，就等于破坏了我们生存的条件。因为，人类的生存和发展需要一个良好的生态环境作为保障。另外，生态环境不仅是一个环境的外在体现，还是一个体现绿色、健康的生态概念，是一道亮丽的风景。所以，良好的生态环境也就组成了人们推崇的生态风景。

生态风景既包括自然的景观，比如清澈见底的河水，也包括人造的风景，比如各种人造湖泊、绿地等，是一个多维的生态网络。同时，生态景观是人类以及其他生物赖以生存的家园，是人们

开展各项活动的基础和前提。因此，这些生态景观不仅具有一般风景令人赏心悦目的特点，而且还具有为人类生存和发展提供庇护的功能。

除此之外，生态风景还表现在众多的方面，具体来说，大致有以下几种。

1. 生态景观的直观景象

生态景观，也是一道风景，也有风景的各种属性。这是景观的最原始和最普通的概念。从生态景观的直观景象来看，它往往具有一定的美学因素，常常被应用于景观建筑中，是景观建筑的重要研究目标。

2. 生态景观的个体属性结构

生态景观涉及众多的方面，是一个多维的网络结构，包括自然景观、经济景观和人文景观等多方面的内容。尤其是在地理景观中，生态景观的表现是比较突出的。比如，在地质学、地貌学、土壤学和植被科学中，景观原理用以说明个体各属性在地表的结构格局，这个属性是这些学科的研究对象，如岩石、地表形态（地形）、土壤个体、植物群落等。地质景观、地貌景观、土壤景观和植被景观常被用来描述格局。

3. 生态景观是复合生态系统

一般来说，生态景观是地球表层自然的、生物的和智能的因素相互作用形成的复合生态系统。但是，生态景观有别于一般的生态系统，它们有着不同的边界。一般生态系统是生物和环境以及生物各种群之间长期相互作用形成的整体，着重研究生产者、消费者和环境三者之间的相互关系。而生态景观系统是地表各自然要素之间以及与人类之间作用、制约所构成的统一整体，它主要研究自然要素、社会经济要素间的相互作用、联系以及植物、大气、水体、岩石、动物和人类之间的物质迁移和能量转换，以及景观的优化利用和保护。

由于它们的边界不同，研究的范围、内容也不同，一个以生物体为中心，研究生物与环境之间的关系，一个则研究地表各自然要素之间以及人类利用之间的综合作用。生态景观这一生态系统坚持了自然环境的整体观念，并强调人地关系在其中的地位，将人类作为景观的一个要素，使各个要素得以综合分析，从而研究其间的相互作用、相互制约和相互联系，克服了分析上的片面性和孤立性。同时，生态景观用生态学的观点、方法来研究景观这一客体，使景观在综合分析基础上研究生态景观的动态变化、相互作用间的物质循环和能量交换以及系统的演替过程。

另外，生态景观学不仅研究景观生态系统自身发生、发展和演化的规律特征，而且还着力探求合理利用、保护和管理景观的途径与措施。

目前，生态景观应遵循系统整体优化、循环再生和区域差异的原则，为合理开发利用自然资源、不断提高生产力水平、保护与建设生态环境提供理论方法和科学依据；探求解决发展与保护、经济与生态之间的矛盾，促进生态经济持续发展的途径和措施。

可见，生态景观是一个关于生态和环境协调统一的景观，是人类存在和发展的一道保护层。所以，保护良好的生态环境是非常重要的，保护生态环境就是保护我们赖以生存的家园。

然而，随着科技的发展，人们对物质的需求越来越高。在人们享受物质生活的时候，却往往忽略了周围自然生态环境的保护，致使清新的空气、蔚蓝的海洋、清脆的蝉鸣距离我们越来越远。尤其是伴随着工业化和经济全球化的发展，污浊的河流、混浊的空气以及堆积如山的废弃物越来越多地进入人们的视野，严重影响和干扰了人类的生存和发展。生态污染已经成为摆在人们面前的重大问题。

其中，生态风景的污染既包括对自然的生态风景的破坏和污染，也包括人造风景对生态环境造成的破坏和污染。这两种生态环境污染都是人类的不合理、不科学行为对生态环境造成的污染。

生态污染在人类发展的过程中，危害性是不容小觑的。生态环境的污染，会使生态系统平衡被打破，继而对社会和人类带来极大的灾难。比如，人类在利用自然改造自然的过程中无节制地开垦土地，无节制地滥伐森林，无节制地制造垃圾，无节制地随意排泄和堆放废弃物就会由此而造成土地退化、大气污染、水污染、生物多样性减少、核污染、垃圾污染等问题。这些人类活动对生态环境无疑是一种极大的破坏，而且往往会造就一种畸形的生态风景。这种生态风景，让生态环境面临极大的压力，使人类的生存和发展遭遇困境，甚至造成生态灾难。

其中，生态污染会产生有毒有害物质，给人们的生命健康造成极大的威胁。比如，20 世纪 50 年代在日本熊本县水俣湾渔民中陆续出现多例中枢神经系统病患者，其中部分死亡。当时病因不明，仅称之为水俣病，后证明主要系甲基汞中毒。据调查，该地区工厂排出含汞废渣，汞进入水体后经底泥和鱼体中细菌作用转化为甲基汞，居民食用含甲基汞的鱼和贝类而中毒。

生态污染的直接后果是促进某些生物增殖，打破生物间的平衡，继而间接地伤及其他生物。比如，水体受到有机物污染，氮、磷、钾等营养物质大量聚集（称为富营养化），引起藻类和其他浮游生物大量繁殖并覆盖水面，影响下层生物的呼吸及光合作用，加上浮游生物残体分解时也耗氧，因此造成水体缺氧。不仅如此，某些浮游生物还会产生毒素，结果导致鱼类及其他生物成批死亡。

另外，生态环境的污染和破坏还往往会给动植物带来灾难。比如，环境中的无机毒物和难降解的有机毒物会通过大气、水体、土壤进入动植物体内，然后动植物排泄物及其残体经微生物分解后又回到环境中，形成有毒物质的生物循环。其中最重要的循环途径是经农田土壤进入农作物为人畜食用，最后又归于土壤。归纳起来有几种主要循环系统："农药-土壤-植物-人畜"；"废水-土壤-植物-人畜"；"大气-土壤-植物-人畜"；"废水-水生植物-水生动物-人畜"。

因此，不恰当的人类活动对生态环境的破坏和污染是不容小觑的。为此，人类开展各种活动的时候，一定要懂得科学管理和控制自己的行为，注重生态环境的保护，从而让人造的风景合乎生态环境的要求，成为真正令人赏心悦目的风景。

北太平洋垃圾漩涡

北太平洋位于亚洲和北美洲之间，介于赤道与极地附近之间，是一片美丽的海域。从范围上看，北太平洋北至白令海峡，与北冰洋相连，包括白令海、鄂霍次克海、日本海和黄海、东海及南海等边缘海，是一片非常辽阔的所在。但是，随着工业化的推进以及经济全球化的发展，北太平洋的美丽不知不觉间被打破，在美丽的湛蓝的海面上出现了一个"太平洋垃圾大板块"。

北太平洋是一片美丽而又神奇的海域。在这片海域上有众多的岛屿和国家，有丰富的资源和优美的环境，人们常常把这些国家称为小巧且精致的风景。其中，太平洋上的岛国基里巴斯是世界上唯一跨越赤道而又横过国际日期变更线交叉点上的国家。基里巴斯群岛分成吉尔伯特群岛、凤凰群岛和莱恩群岛三大群岛，共有 32 个环礁及 1 个珊瑚岛，散布于赤道上3 800 平方公里的海域，拥有世界最大的海洋保护区。其中，“基里巴斯”这个名称源自该国三大群岛当中最大的吉尔伯特群岛之密克罗尼西亚语。基里巴斯是世界上最不发达的国家之一，但是那里的海洋风景却是可圈可点的。较低的海拔、特殊的位置，使得这个地方的海洋风景别有一番韵味。

同时，在北太平洋辽阔的海域上，还有一个状似上弦月的群岛，这个群岛就是阿留申群岛。阿留申群岛自阿拉斯加半岛向西横亘绵延数千公里，断断续续，几乎可达亚洲的堪察加半岛附近，长达 1900 多公里。这真是大自然的绝妙造化，如果以白令海北端的阿纳德尔湾为中心点，再以这一中心点到阿留申群岛的距离为半径，用圆规画一圆圈的话，我们就可发现，阿留申群岛自东向西延伸部分与圆的轨迹几乎如出一辙。如果把白令海比作一条河，那么阿留申群岛就恰似露出水面弯弯的一长串“踏脚石”，从阿拉斯加半岛出发，踏着这些“石头”，就可以“走”到“河”的对岸。这种风景在其他地方显然是无法体验到的。

而且，阿留申群岛四季温差小，风大、雨多、雾重，群岛上几乎没有树，而是被丛生的杂草和许多开花植物所覆盖。所以，等到花开的时候，就会让人切身地体会到花海的感觉。这里还有海豹、海獭和蓝狐等动物。

不仅如此，北太平洋蕴藏着丰富的资源。西太平洋的日本海、鄂霍次克海是重要的渔场，出产鲱鱼、鳕鱼、金枪鱼、蟹等。北美西海岸的哥伦比亚河以出产鲑鱼著名。同时，此片海域海底有大量的锰结核，海水可提取海盐、溴、镁等。另外，大陆架是世界石油资源最丰富的地区之一，如加利福尼亚南部海域、黄海、东海等海区。

可见，北太平洋是一片美丽的风景地带，在这片海洋上，优美的海洋风景随处可见。但是，天公不作美。美丽的北太平洋也并不是那么尽善尽美。在北太平洋上的“太平洋垃圾大板块”就是不太和谐的存在。

这个“太平洋垃圾大板块”位于夏威夷海岸与北美洲海岸之间，又被戏称为“世界第七大洲”。但是，这个“大洲”显然没有其他大洲的风采，相反，这里到处都是垃圾，这个“大洲”就是由数百万吨被海水冲积于此的塑料垃圾组成的。这无疑是令人震惊的，一个个垃圾聚集在一起形成一个巨大的垃圾体。但是，或许会有人问，这些垃圾为什么会聚集在一起，而不是在海面上四处漂散呢？其实，原因很简单。

海洋中的海水是不停地沿着一定的方向，稳定而有规律地流动的，这也就是海洋的洋流。洋流的分布规律是在中低纬度海区（北印度洋海区除外），北半球呈顺时针方向流动，南半球呈逆时针方向流动。这是在盛行风、地转偏向力、陆地形状等多种作用力的影响下形成的。

就这样，在北太平洋海域，顺时针流动的海水就形成了一个可让塑料垃圾飞旋的永不停歇的强大漩涡。数年来，北太平洋亚热带涡流将来自海岸或船队的塑料垃圾聚集起来，卷入漩涡，再通过向心力将它们逐渐带到涡流中心。这时，一个面积为 343 万平方

公里的区域（超过欧洲的三分之一）就形成了。据统计，这片水域中的塑料垃圾与浮游生物的比例为6:1。在这一水域的主要部分，塑料垃圾的厚度可达30米。美国西海岸环保组织阿尔加利塔海洋研究基金会公布了经过10年调查得出的这些数字。而且，随着洋流的顺时针运动以及人们向海洋不断地投放垃圾，“第七大洲”的范围以及厚度还在不断扩大。据研究，“垃圾漩涡”的面积将在未来十年内增加一倍。

目前，这个“垃圾漩涡”由美国加州对海900多公里的水域一直横跨北太平洋，延伸至太平洋另一端，接近日本海岸。1997年，穆尔在航海时偶然发现了这个“垃圾漩涡”，其中有胶袋、旧牙刷和用过的各种垃圾废弃物等，最多的就是塑料垃圾。后来，穆尔成立了美国阿尔加利塔海洋研究中心，专门研究“垃圾漩涡”动向。

同时，对于“第七大洲”，尽管人们现在还无法在这个巨大的垃圾板块上行走，但旋转运动使之日益密实。绿色和平组织提供的数据显示，在太平洋的这一水域每平方公里海面就有330万件大大小小的垃圾。据阿尔加利塔海洋研究基金会计算，1997年至2008年，这一垃圾板块的面积增加了两倍；从2008年起到2030年，这一板块的面积还可能增加9倍。可见，“垃圾漩涡”的扩张是十分迅速的。

其实，导致“垃圾漩涡”迅速扩张的原因就在于人们持续不断地向海洋倾倒塑料垃圾。据权威调查显示，“漩涡垃圾”中两成来自海洋行业，其余来自沿岸地区，包括中国、澳大利亚和墨西哥等国。同时，据数据显示，1950~2013年期间，全球有1.5亿吨的塑料进入海域，到2020年，进入海洋的塑料有可能超过2.3亿吨。海洋垃圾正进入人类警觉的视野……另外，英国广播公司报道称，在过去40多年里，漂浮在东北太平洋上面的塑料小碎片的数量增加了100倍。可见，“垃圾漩涡”将会迅速地壮大。

然而，日益壮大的“垃圾漩涡”对人类以及海洋环境的危害性是极大的。

根据专家形容，塑胶垃圾会“像海绵般吸收碳氢化合物及杀虫剂”等高于正常含量数百万倍的人造化学毒素，这些毒素通过连锁反应会辗转进入动物体内。因为，被丢弃至海洋里的塑料废品不会沉入海底，它们要不断地在阳光和海水的作用下分化、降解，最终变成指甲盖大小的碎片。这些微小的残片最终会被海洋生物摄入。而且，投入海洋的东西进入动物体内之后，经过食物链会最终在我们的餐桌上出现。

同时，专家们警告，“垃圾板块”给海洋生物造成的损害是无法弥补的。这些塑料制品不能生物降解（其平均寿命超过 500 年），随着时间的推移，它们只能分解成越来越小的碎块，而分子结构却丝毫没有改变，于是就会出现大量的塑料“沙子”，表面上看似动物的食物。这些无法消化、难以排泄的塑料最终将导致鱼类和海鸟等海洋生物营养不良、中毒、挨饿、无法生育甚至死亡。而且，珊瑚和植物遭受物理损伤甚至会窒息而亡，从而可能造成海洋栖息环境的改变。

另外，“垃圾漩涡”的扩张，还会给人们造成极大的经济损失。这部分损失包括清理沙滩垃圾的直接费用、沙滩污染导致旅游低迷、渔船捕鱼量减少或鱼类遭到污染，以及缠绕物对船舶造成的直接损坏。

据估计，北海地区所有北方白腹穴鸟中，有 95%的胃中有塑料。根据已知情况，全球有超过 267 个物种因缠绕物和吞食海洋废弃物而受到影响，其中包括 86%的海龟、44%的海鸟以及 43%的海洋哺乳动物。1992 年，日本因海洋废弃物而受损的船舶修理费就花了 42 亿美元。同时，这些塑料垃圾虽然可以用拖网清理，也可以把这一任务交给一部分渔船完成。但是，回收这数百万吨塑料垃圾将耗费数十亿美元。

可见，“垃圾漩涡”的存在和进一步扩大对人类健康、海洋生态和经济投入来说都有着极大的危害性。然而，造成这一切的罪魁祸首就是不合理、不科学的人类活动。正是由于在经济发展的过程中，不注重对海洋生态环境的保护，随意丢弃或投放垃圾，才造成了这样的状况。所以，“垃圾漩涡”是一道人造的“风景”。因此，为了避免“垃圾漩涡”的进一步扩大以及尽早解决垃圾漩涡问题，人们一定要科学管理和约束自己的行为，转变经济发展方式，提倡绿色环保，向海洋塑料垃圾说“不”，加强垃圾以及废弃物的管理，真正地保护好我们的海洋资源。

濒临饱和的太空垃圾

生态环境是人类赖以生存的根本，是人们开展生产和生活活动的重要保障。没有良好的生态环境，人类的生存和发展就会面临危机。因此，人们为了追求更加清洁、优美的生活环境，就要采取各种各样的方法处理地球上的垃圾等有害物质。但是，容易让人忽略的是，在太空中，成千上万吨垃圾正在不断地蔓延，成为威胁人类生存和发展的一个重大障碍。

与地面上的垃圾不同，太空垃圾是围绕地球轨道的无用人造物体。

具体来说，太空垃圾又称空间碎片或轨道碎片，是宇宙空间中除正在工作着的航天器以外的人造物体，包括运载火箭和航天器在发射过程中产生的碎片与报废的卫星，航天器表面材料的脱落，表面涂层老化掉下来的油漆斑块，航天器逸漏出的固体、液体材料，火箭和航天器爆炸、碰撞过程中产生的碎片，还有各种火箭发动机在空间爆炸产生的残骸，核动力卫星及其产生的放射性碎片，宇航员在太空行走时丢弃的螺母、螺栓和螺丝刀等各种物体。这些东西如人造卫星一般按一定的轨道环绕地球飞行，形成一条危险的垃圾带。

自苏联发射人类第一颗人造卫星斯普特尼克 1 号以来，全世界各国一共执行了超过4 000 次的发射任务，产生了大量的太空垃圾。虽然其中的大部分都通过落入大气层燃烧殆尽，但是截至 2012 年还有超过 4 500 吨的太空垃圾残留在轨道上。美国于 1958 年发射的尖兵 1 号人造卫星报废后至今仍在其轨道上运行，是轨道上现存历史最长的太空垃圾。

太空垃圾，其实是人类科技文明的产物，随着经济社会的飞速发展，科技力量的迅速崛起，越来越多的国家进军太空，太空中有了越来越多的参与者。在日益活跃的太空活动中，太空垃圾也随之而形成了。而且，随着人们对太空资源的掘取，科技力量的加大，太空垃圾也日益增多。

据不完全统计，太空中现有直径大于 10 厘米的碎片9 000 多个，大于 1.2 厘米的有数十万个，而漆片和固体推进剂尘粒等微小颗粒可能数以百万计。

从废火箭到停用的卫星，数百万轨道碎片已经达到临界水平。欧洲太空总署用计算机生成的图像显示，环绕地球的轨道上有近 12 000 个碎片。而且，据统计，目前约有数千吨太空垃圾在绕地球“运行”，且数量正以每年 2%~5%的速度递增。尤其是随着空间技术的进步，人类进入太空的活动不断增多，产生了越来越多的空间碎片。

这些日益增多的太空垃圾看似距离我们的生活空间有较远的距离，可是千万不要小看了这些零零碎碎的太空垃圾。这些太空垃圾的杀伤力和危险性是极大的。在太空中，一个小小的碎片，就有着一颗巨型炸弹的强大威力，可以摧毁轨道上的一切物体；连锁反应产生更多碎片，会毁坏所有重要的空间站，让人们的心血付之一炬。因为太空垃圾的飞行速度是很快的，一块 10 克重的太空垃圾撞上卫星，就相当于两辆小汽车以 100 公里的时速迎面相撞——卫星会在瞬间被打穿或击毁。试想，如果撞上的是载人宇宙飞船或是其他较大的垃圾碎片，那产生的破坏性会更大。

另外，人类对太空垃圾的飞行轨道无法控制，只能粗略地预测。也就是说，这些垃圾就像高速公路上那些无人驾驶、随意乱开的汽车一样，你不知道它什么时候刹车，什么时候变线。所以，它们就成了宇宙交通事故最大的潜在“肇事者”，对于宇航员和飞行器来说随时都可能是巨大的威胁。虽然说，目前地球周围的宇宙空间还算开阔，太空垃圾在太空中发生碰撞的概率很小，但一旦撞上，那就是毁灭性的。更令航天专家头疼的是相撞的“雪崩效应”，即每一次撞击并不能让碎片互相湮灭，而是会产生更多碎片，而每一个新的碎片又是一个新的碰撞危险源，从而产生多次大大小小的碰撞，使其破坏性和威力难以估计。特别是随着太空垃圾的日益增多，各个太空垃圾自由活动的空间

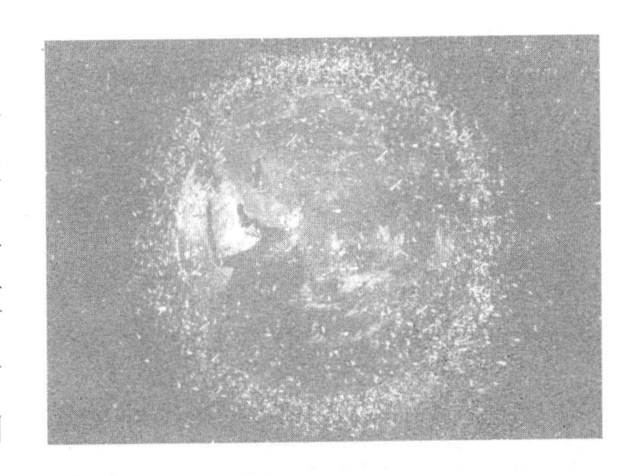

越来越小，这种相撞的可能性也就大大增加。

因此，千万不要忽视天空垃圾的危害性。它不仅影响航天事业的发展，而且还给地球增加一层污染源；这些垃圾存在大量放射性物质，时刻威胁着人类的生命安全。

科学家认为，大块的宇宙飞船残块将不断下落，进入大气层，一部分在大气层中烧毁，另一部分则掉在地球上。然而，飘荡在地球上空的核动力装置，尤其是核动力发动机的脱落具有极大的危险性，它极有可能会对地球造成严重的放射性污染。1978 年苏联带有核装置的“宇宙-954”卫星掉在了加拿大北部的土地上；1983 年，“宇宙-1402”号卫星的反应堆芯落入南大西洋。幸亏这些地方人烟稀少，未造成严重后果。

但是，随着日益激烈的宇宙竞争，太空垃圾不仅给航天事业带来巨大隐患，而且还污染了宇宙空间，给人类带来灾难，尤其是核动力发动机脱落，会造成放射性污染。其中，很多国家在国际空间站的核反应堆中有大量的核分离物，这无疑对人类来说是一个极大的潜在威胁。

对此，科学家呼吁，应当及时制定新的法律和技术标准以减少太空垃圾，因为人类清除这些垃圾在技术上和经济上都相当困难。

另外，日益增多的太空垃圾最直接也最严重的危害就是这些垃圾往往会给宇航员和太空工作者造成生命危险。

中国国家航天局秘书长田玉龙说：“厘米级以上的空间碎片可导致航天器彻底损坏，毫米级或微米级空间碎片的撞击累积效应将导致航天器性能下降或功能失效。空间碎片陨落对地面人员财产的现实威胁也日益严峻。”可见，太空垃圾巨大的危险性和破坏力对宇航员和太空工作者来说是极大的威胁。当宇航员在太空行走时，一块迎面而来、直径仅为 0.5 毫米的金属微粒就足以戳穿密封的宇航服，人们肉眼很难看清的油漆片和涂料粉末也给宇航员带来了生命危险。

还需要指出的是，太空垃圾还有可能会冲撞地球。20世纪60年代以前，没人听说过太空坠落物，但是自1973年以来，几乎每年有数百块太空垃圾坠落地球。但由于其在经过大气层与空气产生的急剧摩擦，使得这些垃圾在未通过大气层时就自我燃烧殆尽，在大气层的保护下就自我毁灭了。但是，如果撞向地球的太空垃圾足够大，那么造成的危害性就难以估计了。

因此，日益增多的太空垃圾不得不引起人们的警醒。加上，科学技术的局限性，目前人们还不能完全用科技力量去清除太空垃圾。而且，太空垃圾回收难度大，成本高，最有效的方法就是尽量减少排放，保持太空的清洁。

同时，航天专家们也已经开始研究限制空间垃圾的产生，以及消除空间垃圾的办法，如，将停止工作的卫星推进到其他轨道上去，以免同正常工作的卫星发生碰撞；用航天飞机把损坏的卫星带回到地球，以减少空间的大件垃圾。有一些科学家提出，使用激光武器，将太空垃圾在太空中直接焚烧掉。

另外，对于太空垃圾的危害，人们还要注重监测和控制。比如，我国最近制订了专门的空间碎片行动计划，成立了空间碎片协调组和专家组，不断加强空间碎片监测，而且，目前已经完成了空间碎片地基监测一期工程建设，也为载人航天工程以及多颗重要卫星提供了空间碎片监测预警技术服务，开发了高性能的防护材料和先进的防护结构，特别是在空间碎片减缓方面，还颁布了空间碎片减缓与防护管理暂行办法，对在役长征系列运载火箭实施了末级钝化处理，并多次就废弃卫星实施了离轨处置。

总之，不管怎样，太空垃圾这道人造的“风景”是由于人类活动造成的，面对日益增多的太空垃圾和日益危险的太空形势，我们一定要更加规范人类自身的行为，尽量减少太空垃圾的排放，以及通过各种实用有效的方法保持太空清洁。只有这样，这道人造的风景才能尽量减少对人类的危害，太空资源才能得到很好的利用和开发。

新兴的深海采矿业

随着人类活动的日益活跃，人类的脚步已经从地面走上天空，从地球走向太空，从陆地走上海洋。其中，对海洋来说，它是生命起源的地方，但是也是人们知之甚少的一片区域。这片区域，可以说是人类最后一片没怎么开发的区域。不过在工业化和经济全球化的推动下，利用海洋，开发海洋越来越成为一种趋势。

海洋是一个神奇且神秘的地方，一望无际的海洋，湛蓝的海水总是拥有很多未知的秘密。而且，这里蕴藏着丰富的资源，是世界上各国争取海洋权益、发展高新技术、开展国际合作及展示自身实力的重要场所。也正是因为这样，人们常说，海洋是一个巨大的宝库，海洋资源的开发和利用具有广阔的前景。

从面积上看，海洋表面积为 3.6 亿平方公里，约占地球表面积的 71%。根据《联合国海洋公约》规定，国际海底区域指国家管辖以外的海床和洋底及底土，其面积为2.571亿平方公里，占地球表面积的49%。其中，深海包括了绝大部分区域和部分国家管辖的海域。

从蕴含的资源来看，海洋里的生物，可以食用、药用（本身是药，或者可由生物体提炼出药物）、科研用、娱乐用（饲养、观赏）、农用（饵料）、制生物能等；海洋的物理资源或能源资源：发电（波浪发电、潮汐发电、温差或盐差发电等）；海洋的化学资源：海水淡化成淡水、海水中直接提取痕量元素（金、铀、氘、溴、碘、镁、钾等）、海水中直接提取化合物（食盐、芒硝、石膏、重水、卤水）等；海洋的地质（矿物）资源：锰结核、石油、天然气、矿砂、底砂等；海水的直接利用：利用冰山提取淡水、海水冷却核电厂发电机组及其他机械、海水脱硫、冲洗、稀释等；海洋的空间资源：运输、航行、休闲娱乐等。可见，海洋资源是极其丰富的。

新世纪以来，海洋资源的开发和利用一直都是人们关注的重点，21世纪可以说是人类开发和利用海洋的世纪。其中，新兴的深海采矿业尤其引起人们的重视。那么，什么是深海采矿呢？深海采矿对海洋会产生什么样的影响呢？下面，我们就来一起看一下。

深海采矿，或深海开采，是一种新兴的采矿方式，是指从海床或洋底开采矿物。一般来说，实施深海采矿的地点通常选在蕴藏有大片丰富的锰结核（一种沉淀在大洋底的矿石，具有极大的商业开发价值）的地方或者海底热泉（热液喷泉是海底的间歇泉，人们称之为海底热泉）附近，距离海平面有1 400米到3 700米不等的距离。

其中，锰结核含有30多种金属元素，而最有商业开发价值的是锰、铜、钴、镍等。由于陆地资源越来越紧缺，沉睡在海底的锰结核越来越受到各国的重视。

同时，锰结核广泛地分布于世界海洋 2 000~6 000 米水深海底的表层，以生成于 4 000~6 000 米水深海底的品质最佳。锰结核总储量估计在 30 000 亿吨以上。其中以北太平洋分布面积最广，储量占一半以上，约为 17 000 亿吨。锰结核密集的地方，每平方米面积上就有 100 多公斤，简直是一个挨一个铺满海底。

锰结核中 50%以上是氧化铁和氧化锰，还含有镍、铜、钴、钼、钛等 20 多种元素。仅就太平洋底的储量而论，这种锰结核中含锰 4 000 亿吨、镍 164 亿吨、铜 88 亿吨、钴 58 亿吨，其金属资源相当于陆地上总储量的几百倍甚至上千倍。如果按照目前世界金属消耗水平计算，铜可供应 600 年，镍可供应 1.5 万年，锰可供应 2.5 万年，钴可满足人类 13 万年的需要，所以这是一笔巨大的财富。而且这种结核增长很快，每年以 1 000 万吨的速度在不断堆积，因此，锰结核将成为一种人类取之不尽的“自生矿物”。

另外，海底热泉泉口附近都有各式各样的奇异生物，不同纬度、地形和深度的海洋，具有不同的物理及化学条件，因此造就了特色不一、各式各样的海洋生物。而且海底热泉是形成大量海底硫化物的良好条件，而这些硫化物之中会包含一些有价值的贵金属，例如银、金、铜、锰、钴和锌。同时，开采所使用的器械，则是利用液压泵或者使用桶装方法，将原矿带到地表以后再进行进一步的加工和处理。

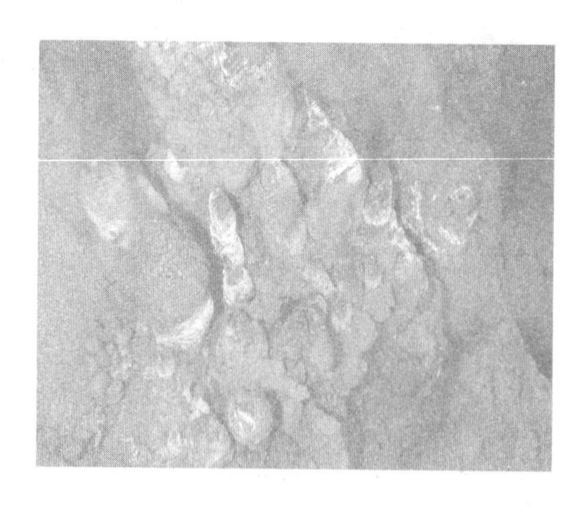

海洋资源是十分丰富的，深海开采的诱惑力很明显。面积为500万平方公里的太平洋东部海域被称为“克拉里昂–克利伯顿断裂带”，对该区域的一项评估得出结论说，该区域海床上可能有超过270亿吨矿物“结核”。

其实，几十年来，人们一直在考虑从海底开采金、铜、锰、钴等金属，但是这一想法最近才随着矿产品价格上涨以及新技术出现而成为可能。

20世纪60年代中期，J. L. 梅洛在他的著作《海洋的矿物资源》中提出了深海勘探的可能性。作者认为，在地球的海洋中可以寻得近乎无穷无尽的钴、镍和其他金属矿。而且，梅洛认为这些金属就藏在锰结核中，锰结核是一种块状的压缩沉积物，位于海底大约5 000米的地方。为此，包含法、德、美之内的一些国家派出了勘探船来寻找这些结核物，结果显示，原先对深海开采的可行性预估被夸张了。

近些年来，深海开采进入了一个新的阶段。日本、中国、韩国、印度不断上升的金属需求，将这些国家推向寻找新的矿源的技术研发前沿。

然而，深海开采是一个多环节串联的系统工程，处于数千米水深、承受海流和风浪影响及海水腐蚀的环境下作业，而且多金属结核多附存在强度极低的软泥，富钴结核产出在海山山脊，作业条件恶劣，开采技术难度大，这就对开采技术提出了很高的要求，且需要较长的周期。

目前，最佳的深海开采可行地点位于巴布亚新几内亚境内的海岸，是一个高纯度的铜–金矿，而且它也蕴藏了大量硫化物资源。

随着工业化的推进和科学技术的发展，深海采矿越来越受到众多国家的热捧，越来越多的国家进军深海采矿业。但是，问题也随之而来了。因为，深海采矿如同其他现存的采矿程序一般，具有高度环境污染的争议性。有不少专家认为深海采矿如果操作不当，很有可能会对海洋环境造成极大的冲击，继而对人类的生存和发展造成恶劣影响。

由于深海开采是一个全新的领域，实际开采的后果还不是十分明了。然而，专家十分确定的是，移除部分的海床会扰乱底栖区的生物，尾矿会增加水体的毒性，并且形成悬浮物漂流，而且，依照开采的不同类型和地点，可能对底栖生物造成永久的伤害。除了对该区域的直接影响外，泄漏、倾倒和侵蚀还会改变该地区的化学组成。

悬浮物漂流（一种羽状漂流结构）也许是深海开采的所有影响中，最具破坏力的。将尾矿送回海中时，它通常呈现为一种非常细小的颗粒，进而在水中形成漂流、类似云雾的团状结构。一般来说，它有两种类型：水面型，或者近水底型。近水底的类型，是透过通管将尾矿送回水底时形成的。这些水底的团状物，会增加水的浊度，阻塞水底生物用来摄食的过滤性器官。水面型漂流则会造成较严重的问题，依照其颗粒的粒度，水流会将这些颗粒散布开来并占据一个广大的区域。而且，漂流团还会影响浮游生物以及水的透光性，进而影响该地区的食物链，使得海洋生物的生存遭受极大的威胁。

同时，国家海洋学中心生物学家保罗·泰勒教授警告说：“深海采矿，很可能使罕见的海洋物种受到威胁。”同时，泰勒还说：“如果开采活动把那片区域彻底毁掉，那些动物只有以下两个选择，分散开来并占领其他地方的一个海底热液喷口，或者死亡。而它们死亡以后，原先热液喷口的生物就将绝迹。”

其实，环保专家很久以前就向人们警告，认为开采海底会造成极大破坏，并且会对海洋生物造成长期灾难性的影响。不仅如此，新兴的水下采矿业在海洋生物学家、环境科学家和波莉·希金斯这样的活动家中拉响了警报。他们预言，在海底开采金、银、铜将成为下一个大的生态灾难，因为海底脆弱的海洋生态环境是我们知之甚少的领域。

可见，深海采矿业作为一种新兴的产业，还有许多的问题亟待进一步解决，尤其是对海洋环境造成的影响方面。虽然说海洋蕴藏着丰富的资源能源，深海是一个巨大的宝库，但是对于深海的开采还需要强有力的技术支持和科学的操作程序。如果忽视这些客观条件，出于对能源资源的掠夺强行地进军深海，进行各种采矿作业不仅很难获得高质量的矿产，而且还会带来许多的环境问题、生态问题。这道人造“风景”的影响力和破坏性是不容小觑的。因此，深海采矿工作需要循序渐进，注重开采矿产和生态环境相结合，否则人类将得不偿失。

杀伤力极大的漏油事件

海洋生态系统是人类环境的大后方，是人类生存和发展的重要依据和保障。同时，海洋是一个巨大的宝库，拥有丰富的资源，海洋生态环境的保护是至关重要的。但是，随着人类活动的肆无忌惮，和对海洋环境的不够重视，频发的漏油事件给海洋的生态环境造成了极大破坏。

海洋是一个奇妙的存在，在海洋上的各种人类活动最重要的就是遵守海洋的生存法则，也就是说在开发和利用海洋资源的时候，要严格控制人类的行为，注重对海洋生态环境的保护。否则，一旦污染了海洋，就会带来一系列的生态环境问题，并给人类的生存和发展带来危机。尤其是海洋中的漏油事件，对海洋生态环境的污染是极其严重的，它具有极大的杀伤力。

那么，海洋漏油事件有什么危害呢？具体来说，其危害大致有以下几个方面。

1. 严重影响海洋生物的生存

对海洋生态环境的污染中，最为引人注目的就是泄漏的燃油对海洋环境和海洋生物造成的生态灾难。比如，“威望号”油船所泄漏的数万吨燃油，导致了西班牙西北海岸大片海域被污染，这个海域对于海鸟和其他海洋生物来说，是重要的停留和迁徙地。大量海鸟生活在海洋里而很少飞到岸边来。这些鸟包括海雀、三趾鸥、长鼻鸬鹚、黄腿黑嘴鸥和极度濒危的巴里阿里海鸥等。而海域被大面积的燃油污染，那么这些海鸟就会在油污中挣扎，难以脱生。因此，漏油问题给海鸟的生存造成了极大的威胁。

同时，漏油事件对海洋生态环境的污染和破坏，对海洋生物的打击，主要来自油膜的不良影响。一般来说，燃油在海洋环境中的存在形式不外乎三种：漂浮在海面的油膜、溶解后的分散状态、凝聚后的残余物。其中，漂浮在海面的油膜是海洋生物的第一杀手。

其实，油膜是燃油输入海洋的初始状态。大量的燃油泄漏在海上，一时难以挥发和溶解，再被大风吹到岸边，便可以形成半米甚至是一米厚的油膜。不透明的油膜降低了光的通透性，影响海洋区域的海空物质交换，从而使海洋含氧量减少，影响海洋动物的日常生活，使海洋生物多被窒息而死。这些海洋生物的死亡，就会给那些靠海洋动物为生的陆生动物或海鸟带来极大的生存危机，使他们面临饿死的危险。

同时，燃油一旦黏附在海鸟等生物的体表上，它们的身体将会变重，很难再飞起来，同时羽毛也失去了保暖的功能，而且游泳、潜水、飞翔等能力也会丧失，最后只能冻饿交加，悲惨死去。一位在西班牙参与救援的官员称，在污染最严重的海域，泄漏的燃油有 38.1 厘米厚，一眼看去海面上一片黑，而且还常常会看到遍体油污的海鸟，奄奄一息地躺在海滩上。另外，油膜对周边海洋渔业，特别是贝类及养殖业也是具有毁灭性的。

2. 有毒物质进入海洋生物食物链

在海洋中，燃油泄漏使得海洋生物的生存遭到严重威胁，而且燃油还会使海洋生物本身遭到污染，进入以海洋生物为食的食物链。这种污染是燃油溶解后的分散状态和乳化状态所造成的污染。这是油膜经溶解、分散等一系列过程转化而来的，然而这一过程极易产生多种有毒化合物质以及散发有毒有害气体。致命的是，海面浮油内的一些有毒物质会伴随着海洋生物的进食进入海洋生物的食物链。据分析，被污染海域内的鱼、虾等生物体内的致癌物浓度会明显增高。

这种污染的危害性是不容小觑的。它一方面毒害海洋生物本身，另一方面可通过食物链最终富集在人体内，从而对人类健康造成严重危害，使得人们健康遭受极大威胁。同时，长时间食用这些遭受燃油污染的海洋生物，

人体患病的概率会大大增加。

3. 破坏海洋生物的正常生活

燃油泄漏在海上，除了会给海洋生物的生存带来危机，使得人类的海洋饮食存在安全隐患，同时，也极大地破坏了海洋生物的正常生活。比如，鱼、虾、蟹、龟等一些海洋生物的行为，觅食、归巢、交配、迁徙等，其实都是靠某些烃类来传递各种各样的信息的。但是燃油泄漏，在海面上形成一层厚厚的油膜，而且由油膜分解所产生的某些烃类，与海洋动物传递信息的物质的化学结构相同或类似，因此油膜的存在往往会影响到这些海洋生物的正常行为，使它们的行为出现紊乱，继而影响海洋生物的繁衍和生存。

4. 破坏海洋环境的自然景观和生态环境

湛蓝的海洋、明媚的阳光是一道优美的自然景观。但是，燃油泄漏给海洋造成破坏和污染的同时也破坏了海洋的自然景观和生态环境。油膜最后剩下的是油膜凝聚以后的残余物，包括海面漂浮的焦油球以及在沉积物中的残余物。其中，焦油球通常是呈黑色或棕黑色的不规则半固态的球状物，虽然它在短期内不会对海洋生物产生明显的影响，但它却破坏了海洋环境的自然景观。

同时，燃油泄漏在海上，还会给海洋的生态环境造成极大的破坏，使得海洋资源遭受极大的损失。

除此之外，燃油泄漏还会影响渔业、海上旅游业、海上矿业和海上交通业等方面。在燃油的污染下，海洋生物种类会大幅度减少，海洋生态环境会受到极大破坏，所以，燃油泄漏事件是不容小觑的。

然而，原油泄漏事件却时有发生。比如，1979 年 6 月，由于压力积累导致坎佩切钻油台发生爆炸沉没。在此后的 10 个月期间，大约有 1.4

亿加仑（1 加仑≈4.55 升）的原油从损坏的油井中流入了墨西哥湾，给墨西哥湾造成了极大的生态污染。1991 年，一艘满载原油的油轮准备驶往鹿特丹时，忽然在海上着火爆炸。当时油轮距离安哥拉海岸约 900 英里（1 英里≈1.61 公里），于是大量装载的原油漏入海中，而油污扩散达 80 平方英里。2010 年 5 月 5 日，美国墨西哥原油泄漏事件引起了国际社会的高度关注，该地直至 2010 年 7 月 15 日才停止泄漏，约泄漏原油 3.78 亿加仑。油污形成了 2 000 平方英里的污染区，造成了和平时期以来最严重的生态事件。2010 年 7 月 16 日，发生在大连港的输油管道化学物爆炸导致原油泄漏的事件同样引起不小的轰动，约有 1500 吨原油流入海面，造成 11 平方公里的重灾区，100 平方公里海面的污染区。2011 年，中国海洋石油总公司在渤海湾的蓬莱 19−3 油田发生漏油事故，事故导致山东长岛、蓬莱等地大量扇贝非正常死亡。此次泄漏事故对环境的杀伤力极大。因为，油是从海底到海面的立体式污染，其危害程度远远超过大连港的大规模油船漏油。

除此之外，还有很多的原油泄漏事件，给海洋的生态环境和生物资源造成了极大的破坏。而且，海洋上一旦发生漏油事件无论是采取什么样的治理和清理措施，比如常规的办法“拦油栅”、“吸油棒”等，都会对海洋环境造成不小的破坏。同时，海面以下的油团凝成重油后，会沉降到海底，危机海底的生态环境。石油被誉为“现代工业的血液”，它是重要的能源物质和化工原料，如果泄漏到海里，也是一种极大的浪费。

那么，是什么原因造成燃油泄漏在海上，给海洋以及人类造成如此大的损失呢？

其实，造成原油泄漏的主要原因就是人类在海洋研究和开发的时候不注重科学，缺乏谨慎的态度。同时，在海上航行的时候，对于载有原油的油轮没有给予特殊的关注，以至于原油容易出现泄漏，并造成极大的危害。另外，对于海上燃油泄漏事件，人们还需要加大科技投入，注重运用科技方法加以清理，尽量地减少原油泄漏对海洋生态环境造成的污染。

目前最为安全有效的办法，当属利用微生物对污染海域进行生物修复。自然界中每年有130万吨的原油通过渗透泄漏到海洋，但是这些原油绝大部分可以被“嗜油菌”降解掉。这些“嗜油菌”包括深海食烷菌、解环菌属等。原油中的烃类物质对于它们来说成了生长必需的碳源。人们可以利用这些“嗜油菌”，来降解原油中的烃类物质，甚至包括多环芳烃。但是，面对梦魇般的原油污染，最重要的还是必须事先建立起严格的监控体系、完备的应急预案。

同时，世界自然基金提出：要设立原油运输的“禁止通行区”；延缓近海石油的开采并进行充分的风险评估；实施严格的生态保护措施；建立国际通用法规等。

另外，面对公共环境突发事件，政府、企业、科研单位的紧急协调应对也是尤为重要的。美国“墨西哥湾漏油事件”造成了极大的危害，但是此事件过程中，美国政府的高度重视，科学研究的迅速跟进，以及污染信息及时透明的在线公布等，都是值得借鉴的。还需要指出的是，在这个过程中，还要加强政府的监管，塑造企业的责任和道德意识。只有这样，原油泄漏这道大煞风景的“景观”才能真正得到改善和遏制，这道“人造景观”的危害才能降到最低。

致命性的核泄漏

随着科学技术的进步和人类活动范围的日益扩大，高新技术越来越成为人们追求的方向和经济提升的重要手段。其中，最为突出的代表就是人们对核技术的研究和应用。核技术是一种高效的技术力量，在核技术的支撑下，人们能够实现很多突破，解决很多的问题。但是，核技术在应用的过程中也是一把双刃剑，使用不当，其危害性就是致命性的。

核技术是关于原子核的核反应技术，其中比较重要和已经投入使用的有核动力、核医学和核武器。核技术的应用是十分广泛的，从烟雾探测器到核反应堆，从瞄准具到核武器。其中，人们最为熟悉的恐怕就是烟雾探测器了。烟雾探测器应用于消防系统，是核技术的常规应用。

除此之外，核技术还被广泛应用于很多领域。尤其是在工业化和经济全球化发展的进程中，人们对核技术的应用越来越广泛，越来越普及。但是，核技术目前还主要应用于个别领域，并由此形成了以核技术为中心的核工业。

核工业是从事核燃料研究、生产、加工，核能开发、利用，核武器研制、生产的工业，是军民结合型工业，主要产品有：核原料、核燃料、核动力装置、核武器（包括原子弹、氢弹和中子弹）、核电力，应用核技术等。核工业在国防中具有重要的地位和作用。一般来说，核武器比常规武器有更大的杀伤力和破坏力，能在战争中起到一般武器所不能起到的作用，且造成放射性污染，对生态环境有长期、严重的后果。所以，核武器已成为某些国家现代军事战略的基础。

同时，在国民经济发展中，核工业也具有极为重要的地位和作用。核技术会向国民经济各部门提供多种放射性同位素产品、同位素仪器仪表以及辐射技术等核技术，在辐射加工、食品保鲜、辐射育种、灭菌消毒、医疗诊断、示踪探测、分析测量和科技生产等方面发挥着越来越大的作用。而且，核工业的发展需要冶金、化工、机械制造、电子等工业的支持，同时也促进了它们的发展。比如，核工业所要求的耐辐射、耐高温、抗腐蚀、超导体材料将开辟新材料的发展途径。

因此，核工业是一门学科门类多、开拓领域广、技术密集程度高的综合性新兴工业。它涉及地质勘探、采矿、冶金、化工、电力、机械制造、建筑、电机和精密仪表等工业部门和物理、化学、电子学、半导体、计算技术、自动控制、材料学、传热学、医学和生物学等学科领域。所以，一个国家的核工业发展水平，能集中地反映出这个国家的整个工业基础和科学技术水平。

另外，核能源是一种清洁环保能源，特别是在能源资源日益紧张的局势下，核能才被广泛运用。其中，最引人注目的是，核工业能利用核能使之转变为电能、热

能和机械动力。与有机燃料相比，核燃料具有异常高的热值。用它作为能源，成品燃料的保存和运输费用很少，因而在选择核电站厂址的时候，不受燃料开采和加工地区的限制，适合于在缺乏有机燃料和水力资源的地区提供能源，也可作为持久航行的远洋船舰的动力。核电站在正常运行情况下，释放的有害物质比火电站要少得多，有利于环境保护，核能是一种清洁能源。

在越来越严重的能源、环境危机下，核电作为清洁能源的优势是不言而喻的。核能在世界未来的低碳能源中将继续扮演重要角色。并且，核电作为当前唯一可大规模替代化石燃料的清洁能源，越来越受到世界各国的重视。目前世界上已有 30 多个国家或地区建有核电站，有 60 多个国家正在考虑采用核能发电。到 2030 年前，估计将有 10~25 个国家加入核电俱乐部，将新建核电机组。据国际原子能机构预测，到 2030 年全球的核电装机容量增加至少 40%。

可见，对核能的研究和利用已成为越来越多的国家发展的方向。不过，这种清洁、低碳、环保、生态的高效能源并不是尽善尽美的。巨大的力量预示着巨大的危险性。高效的核能自身潜在的危险性是不容忽视的。虽然，目前核电站的技术是比较成熟的，但是核电的危险特性决定了操作人员不能有丝毫的失误或差错，否则一旦造成核泄漏，其危害是不可估量的。

比如，1979 年美国三里岛曾发生核泄漏事件。1979 年 3 月 28 日凌晨，美国三里岛压水堆核电站 2 号机组制冷系统出现故障，致使核反应堆部分熔化，最终造成美国历史上最严重的一次核泄漏事故。

这次事故被定位为五级核能事故。此次事故虽然没有给美国的公共安全和居民健康造成不良影响，但是核泄漏造成的环境以及设施破坏却给美国造成了极大的经济损失，而且极大地打击了人们对核电安全的信心。

1986年4月26日，苏联的乌克兰共和国切尔诺贝利核能发电厂发生严重泄漏及爆炸事故。这次核泄漏事故也造成了极为严重的后果。连续的爆炸引发了大火并散发出大量高能辐射物质到大气层中，这些放射性尘埃涵盖了大面积区域。这次灾难所释放出的辐射线剂量是“二战”时期爆炸于广岛的原子弹的400倍以上。据统计，从事发到2006年，共有4 000多人死亡。同时，绿色和平组织，基于白俄罗斯国家科学院的数据研究发现，在过去20年间，切尔诺贝利核事故受害者总计达900多万人，这些人随时可能死亡。绿色和平组织认为，官方统计的结果比切尔诺贝利核泄漏造成的死亡人数少了至少9万人，这个数字是官方统计数字的20倍。而且，致癌人数也高达数十万，经济损失达数千亿美元，是历史上代价最“昂贵”的灾难事件之一。

可见，核辐射的危害是极大的。核电站事故泄漏的放射性物质往往会造成大面积的人员伤亡。因为，放射性物质可通过呼吸系统、皮肤伤口及消化道吸收进入体内，引起内辐射。其中，γ辐射可穿透一定距离被机体吸收，使人员受到外照射伤害。内外照射形成放射病的症状有：疲劳、头昏、失眠、皮肤发红、溃疡、出血、脱发、白血病、呕吐、腹泻等，有时还会增加癌症、畸变、遗传性病变发生率，影响几代人的健康。一般来讲，身体接受的辐射能量越多，其放射病症状越严重，致癌、致畸风险越大。

2013年3月11日，日本福岛第一核电站发生核泄漏事故。这次事故的危害性同样是十分严重的。据称，该次事故使得该核电站周边至少方圆十公里内的医院和住院患者及救护车受到了放射性物质污染。而且，核反应堆裂变可产生放射性碘，一旦发生核泄漏，放射性碘可能被核电站附近居民吸入，引发甲状腺疾病，包括甲状腺癌。克兰切尔诺贝利核电站发生核泄漏后，数以千计的青少年因遭受核辐射患甲状腺癌。该次福岛第一核电站核泄漏事故，使得22万人接受检查时发现受到核辐射，引起电力短缺，各地轮流停电，而且对周边国家一级海域造成一定的不良影响。其中，日本以东及东南方向的西太平洋海域受到福岛核泄漏事故的影响较大。而且，放射性物质经生物富集并经食物链传递、生物放大和累积，对海洋生物和海洋生态系统乃至人类健康产生的长期影响将不容忽视。另外，核辐射的危害具有持久性，其危害性到底有多大还有待时间的进一步验证。

可见，核电站泄漏造成的危害是不可小觑的。对于人类以及整个人类的生存环境来说，都是一种极大的破坏和打击。那么，这些事故是如何导致的呢？是核能本身的不稳定，核技术的不成熟，还是人为原因造成的呢？

其实，这几次对人类危害极大的核泄漏事故都是人为原因造成的。其中，美国三里岛核泄漏事故是因为事发前些天工人检修后未将事故冷却系统的阀门打开，致使这一系统自动投入后，二回路的水仍断流，加上一系列的管理和操作上的失误与设备上的故障交织在一起，使一次小的故障急剧扩大，造成堆芯熔化的严重事故。

对于切尔诺贝利核泄漏事故来说，造成这一事故的元凶也是人为作用。据调查，促成事故发生的一个重要因素是职员并没有收到反应堆问题报告的事实。设计者知道反应堆在某些情况下会出现危险，但将其蓄意隐瞒。此外，本次演习的总工程师是从事电气工程的，反应堆相关知识较匮乏，在出现异常情况时没有及时发现并处理。演习章程的粗糙，加之工程师对反应堆相关知识的匮乏，导致了切尔诺贝利核泄漏悲剧的发生。

对于日本福岛核泄漏事故，很大程度上也是人为原因造成的，虽然有大地震和海啸的作用力，但是人为原因也是不容忽视的。据调查，福岛第一核电站的设备的设计寿命或许已到，当时为超期服役状态。另外，一号反应堆数据被篡改了 28 次。这些种种人为因素结合在一起就造成了福岛核泄漏事故。同时，由于核电站上空的辐射量比较大，日本自卫队放弃了在空中用直升机为福岛核电站进行注水和冷却的作业。

因此，在核技术运用的过程中，虽然核技术本身的利用没有多大的问题，但是在具体的技术操作上还需要时刻谨慎，保持理智，丝毫不能松懈。否则，一旦造成事故就是难以估量的损失。同时，对于核电站还要定期检查和维修，避免不安全、不稳定因素的存在。另外，在运用核电、开发核电的时候，不要急于求成。核电的危险性与大量的人为因素及操作者所处的工作环境有着直接密切关系，因此不仅要关注核技术本身的研究和发展，更要注重核工作人员的安全意识，规范操作，严格执行。只有这样，核泄漏或是核爆炸等潜在威胁才能得到有效的遏制，这道惨不忍睹且代价极大的“人造风景”才能切实得到扭转，真正发挥核能的优势，更好地为人类服务。

被喻为红色幽灵的赤潮

赤潮被喻为“红色幽灵”，国际上也称其为“有害藻华”，是指在特定的环境条件下，海水中某些浮游植物、原生动物或细菌爆发性增殖或高度聚集而引起水体变色的一种水华现象。这种“生态景观”是一种自然现象，但也有极大的人为因素。下面，我们就一起走近赤潮，认识和了解一下这片被喻为“红色幽灵”的生态风景。

赤潮，又叫红潮，是海洋生态系统中的一种异常现象，是海洋灾害的一种。赤潮是一个历史沿用名，并不是说赤潮就都是红色的，这只是一种统称。一般来说，发生赤潮时，会根据引发赤潮的生物的数量、种类而使得海洋水体呈红、黄、绿和褐色等。但是，需要指出的是，某些赤潮生物（如膝沟藻、裸甲藻、梨甲藻等）引起赤潮时并不引起海水呈现任何特别的颜色。

在海洋中，赤潮是一个灾害性的水色异常现象。人类对于赤潮早有记录，如《旧约·出埃及记》中就有关于赤潮的描述：“河里的水，都变作血，河也腥臭了，埃及人就不能喝这里的水了。”一般，赤潮发生的时候，海水会变得黏黏的，还会发出一股腥臭味，颜色大多都变成红色或近红色。无独有偶，1803 年，法国人马克·莱斯卡波特记载了美洲罗亚尔湾地区的印第安人根据月黑之夜观察海水发光现象来判别贻贝是否可以食用。1831~1836 年，达尔文在《贝格尔航海记录》中记载了在巴西和智利近海面发生的束毛藻引发的赤潮事件。另外，据载，中国早在 2 000 多年前就发现了赤潮现象，一些古书文献或文艺作品里已有一些有关赤潮方面的记载，如，清代的蒲松龄在《聊斋志异》中就形象地记载了与赤潮有关的发光现象。

可见，赤潮这种海洋灾害很早以前就已经进入了人类的视野，让人类有了初步的了解和认知。但是，当时，人们对赤潮的危害性并没有完整的认识。其实，赤潮对海洋的生态环境来说危害是极大的。具体来说，赤潮的危害性主要体现在以下几个方面。

1. 对海洋渔业和水产资源的破坏性

赤潮作为一种水体污染现象，对海洋的破坏性是不容小觑的。目前，赤潮已成为一种世界性的公害，美国、日本、中国、加拿大、法国、瑞典、挪威、菲律宾、印度、印度尼西亚、马来西亚、韩国等 30 多个国家和地区赤潮发生都很频繁。

首先，赤潮的发生，破坏了海洋的正常生态结构，因此也破坏了海洋中的正常生产过程。也就是说，赤潮生物的异常爆发性增殖，导致海洋生态平衡被打破，海洋浮游植物、浮游动物、底栖生物、游泳生物相互间的食物链关系和相互依存、相互制约的关系异常或者破裂，这就大大破坏了主要经济渔业种类的饵料基础，破坏了海洋生物食物链的正常循环，造成鱼、虾、蟹、贝类索饵场丧失，渔业产量锐减。

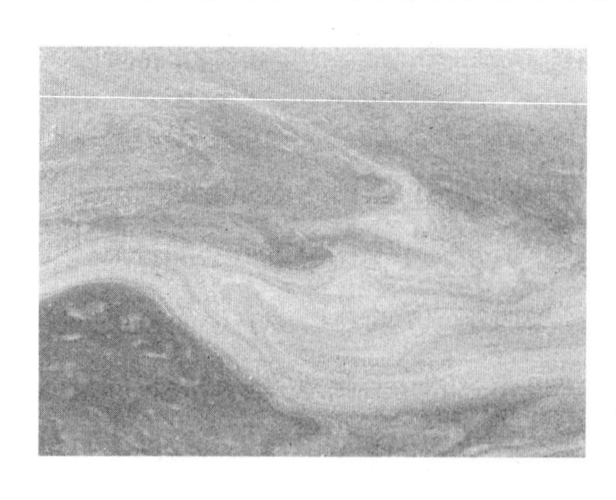

其次，赤潮现象还会严重威胁海洋生物的生存，对水产资源产生极大的破坏性。赤潮生物的异常暴发性繁殖，大量赤潮生物集聚于鱼类的鳃部，可引起鱼、虾、贝等经济生物瓣鳃机械堵塞，加上有些赤潮生物会分泌出黏液，黏在鱼、虾、贝等生物的鳃上，妨碍呼吸，从而导致这些生物窒息死亡。同时，有些赤潮生物的体内或代谢产物中含有生物毒素，这些含有毒素的赤潮生物被海洋生物比如鱼类、虾类和贝类摄食后能引起中毒死亡。而且，海水的 pH 值也会升高，黏稠度增加，非赤潮藻类的浮游生物也会死亡、衰减。

最后，赤潮后期，赤潮生物大量死亡，而在细菌作用下，藻体在分解过程中需要大量消耗水中的溶解氧，这就可能造成区域性海洋环境严重缺氧或者产生硫化氢等有害化学物质，使海洋生物缺氧或中毒死亡。

2. 对人类健康有极大的危害

赤潮现象不仅对海洋渔业和水资源产生极大的破坏性，而且对人类健康也有极大的危害。因为，有些赤潮生物还能分泌一些可以在贝类体内积累的毒素，统称贝毒，其含量往往有可能超过食用时人体可接受的水平。这些贝类如果不慎被人食用，就会引起人体中毒，严重时可导致死亡。目前确定有 10 余种贝毒的毒素比眼镜蛇毒素高 80 倍，比一般的麻醉剂，如普鲁卡因、可卡因还强 10 万多倍。据统计，全世界发生的贝毒中毒事件已有约 300 多起，死亡 300 多人。

而且，大面积的赤潮现象还极有可能污染沿海城市的居民用水，从而给人体健康造成极大的威胁，让人类付出极大的经济代价。2007 年 5 月底，太湖蓝藻大面积暴发，致使无锡市城市饮用水取水口被污染，自来水出现臭味，引发了一场严重的饮用水安全危机。对此，为促进太湖流域水环境质量的全面改善，江苏省在 5 年内总投资 1 085 亿元，以期有效控制太湖水体富营养化程度。从2008年起，太湖地区各市、县从新增财力中划出10%~20%，专项用于水污染治理。

3. 对海洋生态平衡有极大的破坏

赤潮作为一种水体污染现象，首先造成的影响就是对海洋环境的污染和破坏。同时，这也是十分严重的危害和破坏。因为，海洋是一种生物与环境、生物与生物之间相互依存、相互制约的复杂生态系统。系统中的物质循环、能量流动都是处于相对稳定，动态平衡的状态。当赤潮发生时由于赤潮生物的异常爆发性增殖，这种平衡遭受到严重干扰和破坏。在植物性赤潮发生初期，由于植物的光合作用，赤潮海域水体中叶绿素a含量增高、pH值增高、溶解氧增高、化学耗氧量增高。这种环境因素的改变，致使一些海洋生物不能正常生长、发育、繁殖，导致一些生物逃避甚至死亡，破坏了原有的生态平衡。

同时，赤潮现象的爆发，还往往会释放出大量有害气体和毒素，从而严重污染海洋环境，使海洋的正常生态系统遭到严重的破坏和打击。

因此，赤潮现象造成的破坏是不容小觑的。这种巨大的破坏性，将会让人类付出极大的代价。那么，破坏性和危害如此之大的赤潮现象是如何形成的呢？这道具有极大杀伤力的“风景”和人类活动又有什么样的关系呢？

其实，赤潮是一种复杂的生态异常现象，发生的原因也比较复杂。关于赤潮发生的机理虽然至今尚无定论，但是赤潮发生的首要条件是赤潮生物增殖要达到一定的密度，否则，尽管其他条件都适宜，也不会发生赤潮。在正常的理化环境条件下，赤潮生物在浮游生物中所占的比重并不大，有些鞭毛虫类（或者假藻类）还是一些鱼虾的食物。不过由于特殊的环境条件，使某些赤潮生物过量繁殖，便会形成赤潮。就其形成要素而言，大多数学者认为，赤潮的发生与人类活动的关系密切。从很大程度上来说，赤潮现象就是不良的人类活动造成的。

总体来说，工业化的发展和经济全球化的推进是造成赤潮现象的重要推动力。随着现代化工、农业生产的迅猛发展，沿海地区人口的增多，大量工农业废水和生活污水排入海洋，其中相当一部分是未经处理就直接排入海洋。这些未经处理的废水和污水，含有大量的营养物质，往往会导致近海、港湾富营养化程度日趋严重。

首先，具体来看，海水富营养化是赤潮发生的物质基础。由于城市工业废水和生活污水大量排入海中，使营养物质在水体中富集，造成海域富营养化。此时，水域中氮、磷等营养盐类，铁、锰等微量元素以及有机化合物的含量大大增加，促进赤潮生物的大量繁殖。赤潮检测的结果表明，赤潮发生海域的水体都会遭到严重污染，富营养化，氮磷等营养盐物质大大超标。据研究表明，工业废水中含有的某些金属可以刺激赤潮生物的增殖。在海水中加入小于 3 mg/dm^3 的铁螯合剂和小于 2 mg/dm^3 的锰螯合剂，可使赤潮生物卵甲藻和真甲藻达到最高增殖率，相反，在没有铁、锰元素的海水中，即使在最适合的温度、盐度、pH 和基本的营养条件下也不会增加种群的密度。

其次，一些有机物质也会促使赤潮生物急剧增殖。如，用无机营养盐培养简裸甲藻，生长不明显，但加入酵母提取液时，则生长显著，加入土壤浸出液和维生素 B12 时，光亮裸甲藻生长特别好。

除此之外，海水的温度也是造成赤潮现象的重要原因。海水的温度是赤潮发生的重要环境因子，20~30℃是赤潮发生的适宜温度范围。科学家发现一周内水温突然升高大于 2℃是赤潮发生的先兆。然而，海水温度的变化，除了自然因素以外，和人类活动也是密切相关的。人类在海洋上开展的各种活动，以及人类活动造成的全球气候变暖都极大地影响了海水温度的变化。

同时，沿海开发程度的增高和海水养殖业的扩大，也带来了海洋生态环境和养殖业自身的污染问题。

随着全国沿海养殖业的大发展，尤其是对虾养殖业的蓬勃发展，使海域产生了严重的污染问题。因为，在对虾养殖中会人工投喂大量配合饲料和鲜活饵料。一方面，由于养殖技术陈旧和不完善，往往造成投饵量偏大，池内残存饵料增多，严重污染了养殖水质。另一方面，由于虾池每天需要排换水，所以每天都有大量污水排入海中，这些带有大量残饵、粪便的水中含有氨氮、尿素、尿酸及其他形式的含氮化合物，加快了海水的富营养化，这样为赤潮生物提供了适宜的环境，使其增殖加快，特别是在高温、闷热、无风的条件下最易发生赤潮。由此可见，海水养殖业的污染问题也使赤潮发生的频率增加。

此外，海运业的发展导致外来有害赤潮种类的引入，使得赤潮现象频繁发生。还需要指出的是，全球气候的变化也往往是导致赤潮频繁发生的重要因素。

总之，赤潮现象与人类活动的关系是十分密切的，赤潮这道危险性极大的“人造风景”很大程度上就是人为原因造成的。因此，在对海洋开发和利用的过程中，人类一定要注重保护良好的海洋环境，科学处理和控制各种各样的垃圾。只有这样，这道“人造风景”才能得到有效的改善，人类赖以生存的海洋才能拥有良好的生态环境。

不可小觑的景区病虫害

生态景区是旅游业景区致力发展的重点方向。一个生态景区不仅合乎生态环境的要求，而且对于景区绿地植被的保护也是极为重视的，否则亮丽的风景区就会因为病虫害的存在而大煞风景。可是，由于风景区的病虫害治理是一个关于生态环境的问题，因此还需要一定的技巧和方法，否则就得不偿失了。

风景区就是一个小的生态系统，各个风景区在维护的过程中，注重对其生态环境的保护是非常重要的。没有良好的生态环境，那么生态景区也就无从谈起，而且，景区的风景也会大打折扣。因此，加强风景区的生态环境保护是一项十分重要的工作。其中，风景区的病虫害问题就是一个需要谨慎对待的问题。如果处理不慎，就会破坏风景区的生态环境，使景区的景观价值受到折损。

风景区的病虫害问题是人们在景区建设和维护过程中，时常要面对的一个问题。它对风景区的危害是不容小觑的。在风景区内，园林植物在生长的过程中，往往会受到各种病虫害的危害，导致园林植物生长不良，叶、花、果、茎、根常出现坏死斑或发生畸形、变色、腐烂、凋萎及落叶现象，失去观赏价值及绿化效果，甚至引起整株死亡，给城市绿化和景区造成很大损失。

园林病虫害常常会表现出如下特点：园林植物病、虫复杂，易引起交叉感染，防治技术要求高。因此，风景区的病虫害治理常常是摆在景区维护者面前的重大问题。景区病虫害一旦蔓延开来，那么危害是极大的。

园林植物在城镇园林绿化和风景名胜建设中占有重要地位，为保证这些植物的正常生长，有效地发挥它们的园林功能及绿化效益，病虫害防治是不可缺少的环节。及时发现、准确诊断、弄清病虫种类、进行科学防治是城市绿化植物、风景园林植物正常发挥效益的重要保证。

可是，人们对于风景区的病虫害治理，往往容易走进一个误区，那就是常常会用常规对待病虫害的方法，即用化学药物对病虫害进行治理。殊不知，虽然农药对病虫害的杀伤力是毋庸置疑的，但是大面积地使用农药治理病虫害会对风景区的生态环境造成一定的破坏，而且影响人们来风景区欣赏风景，因为置身于农药喷洒的风景区环境内，对人体健康也是一个极大的危害。尤其是一些花木植物，采用农药喷洒的方法治理风景区病虫害显然是不适宜的。人们在风景区欣赏花木植株的时候，往往会近距离地接触植株，残留的农药以及刺鼻的气味都会严重影响人们的观赏效果和身体健康。这样很可能使人们对风景区避而远之，从而使景区经济受到极大冲击。

而且，病虫害的扩散性是很快的。在风景区内，一旦爆发病虫害，如果不及时予以治理，不用多长时间，风景区的植株就会受到极大破坏。加上病虫害群发性的特点，如果不能掌握恰当的应对方法，优美的风景区顿时就会变成病虫的“乐园”，让人们望而却步。

但是，随着工业化以及化学农药的迅猛发展，不少人由于缺乏科学防治病虫害知识，滥用化学农药，从而给风景区的景观带来了一系列的负效应，比如，病虫害抗药性增强，防治效果下降，防治成本成倍加大，生态环境遭受污染和破坏。而且，用化学农药治理风景区的病虫害还会造成农药的残留，尤其是在炎热的夏季，会给人体健康造成更大危害。

可见，在风景区中，病虫害的治理一定要注重科学、环保、生态。在风景区中，病虫害防治是园林绿地管理中的一项重要基础工作，对维护绿地生态系统的平衡有着极大的影响。因此，人们在治理的时候一定要谨慎，切勿制造出不良的“生态风景”，使得病虫害的治理因小失大。

其实，对于风景区的病虫害问题，人们应该尽量采用生态的手段予以解决。也就是说，人们应该根据病虫害给植物造成的受损程度、天敌的数量和植物耐受程度等多种因素综合考虑，合理选择施用高效、低毒、低残留的农药或采用生物防治技术。尤其是要尽量采用生物技术和生态方法。风景区绿地作为重要的游人活动场所，其病虫防治应向生态化和无公害方向发展，只有这样，才能给人们提供一个优美、自然、健康的游憩环境，让风景区成为令人真正赏心悦目的风景。

那么，对于风景区的病虫害问题，我们应该如何采取生态环保的方法予以治理呢？具体来说，可以从以下几个方面入手。

1. 病虫预测预报

“预防为主，综合治理”，对于风景区的病虫害治理也同样适用。尤其是对于一些植株繁多、种类多样的风景区，一定要做好病虫害的预测和预报。

病虫预测预报是拟订正确的防治计划，采取合理的防治措施，把病虫害控制在景观可容忍损失之下的基础；确定专人定期查看病虫害可以调查病虫基数，掌握其发生发展动态，以便在最佳防治时期、最适当的防治范围内，采用最适合的方法进行防治。这样，风景区的病虫害就能及时发现，及时治理，从而更好地保护景区林木。

2. 采用人工手段防治

景区的病虫害治理尽量不要用化学农药，如果条件允许的话可以采用人工手段予以防治。比如，在治理风景区病虫害时，可以充分利用某些害虫的成虫趋光特性，在 4~9 月用黑光灯配合糖醋酒液进行诱杀，这种方法可以有效地捕获夜蛾、螟蛾及金龟子等，减少产卵成虫的群体数量，降低幼虫孵化的发生数量。同时，当发现松毛虫引起的松树嫩梢发黄枯萎时（松树梢枯病），可以人工摘除枯梢并消灭其内的松毛虫。对于舟蛾、绿刺蛾、竹斑蛾等幼虫有群聚特性的害虫，可以在其还未扩散时人工摘除有虫叶。相反，如果这个时候不能及时有效地处理，或是采用化学农药治理，那么不仅费工费时费钱，而且易导致害虫抗药性的增强。

3. 使用生物药剂、仿生制剂防治

对于风景区的病虫害问题，人们还可以使用生物药剂、仿生制剂予以防治。这种方法的效果是比较显著的。比如，用灭蛾灵防治大袋蛾、刺蛾等食叶害虫，用相应生物剂防治蚧壳虫、螨类，用白僵菌制剂防治蛴螬等地下害虫都有不错的效果。另外，斯氏线虫作为新型生物杀虫剂，专门用来防治天牛、柳干木蠹蛾等蛀干类害虫，效果很好。

4. 培育天敌防治虫害

在风景区中，对于病虫害治理，最生态的方法就是培育病虫害的天敌予以防治。比如，为了保护和吸引昆虫天敌，在风景区内大量种植海桐、女贞、刺槐、国槐等能优化天敌生态环境的植物，以此来吸引虫害天敌。这样，风景区天敌生物的数量会逐渐增多，螳螂、蜘蛛、猎蝽、蜀蝽、瓢虫等捕食性昆虫将纷纷出现。特别是瓢虫、蚜狮等蚜虫天敌的数量增加，可基本达到控制蚜虫危害的目的。

采用这种方法治理病虫害，一般情况下就不必再使用化学农药进行防治。柿、乌桕、女贞、火棘、南天竹等招鸟树种的种植，可使景区内鸟类的种类和数量明显增多。啄木鸟、灰喜鹊、白鹭、八哥、戴胜等益鸟的身影会重现林中，这些鸟类不但都是害虫的天敌，也进一步丰富了绿地的景观。

可见，对于风景区的病虫害防治，一定根据具体情况有针对性地予以治理，而且要尽量采用生态、环保、健康的方法。这样，不仅能够有效地防治病虫害，而且还能切实地保护风景区的生态环境，让风景区的植株具有足够的欣赏价值。否则，过度使用农药，忽视生态手段就会造成风景区的生态环境遭到污染。那么，这道“人造风景”就会具有极大的破坏性。

土壤污染侵蚀“舌尖上的安全”

土地是农业生产的基础，是人类最基本的生产资料和劳动对象，也是人类世代相传的生存条件和生产条件，是人们的生命线。因此，土地资源对人类的生存和发展是十分重要的。可是，随着人类社会经济的发展，工业化和经济全球化的推进，土壤污染问题越来越严重，对人类生存和发展的危害越来越大。

土壤是指陆地表面具有肥力、能够生长植物的疏松表层，其厚度一般在 2 厘米左右。虽然仅仅只有 2 厘米，但是土壤巨大的价值却是不容忽视的。土壤不但为植物生长提供机械支撑能力，并能为植物生长提供所需要的水、肥、气、热等肥力要素。而且，土壤具有农、林、牧生产能力的各种土壤类型，包括森林土壤、草原土壤、农业土壤等，是供人类开发利用而不断创造物质财富的一种自然资源。

同时，作为农业生产用地的土壤资源具有再生性、可变性、多宜性和最宜性等多种属性。再生性又称可更性，即土壤中的养分和水分被植物不断吸收，同化为植物有机体，其残体再归还到土壤中，如此不断循环、演替更新，使土壤保持永续生产的活力。可变性是指土壤经过人们的利用管理，可以向好的方向转化；但如果利用管理不当，也可以使土壤退化，成为一种可变的自然资源。多宜性是指某些土壤的适应能力较强，能够适应多种利用方式和适宜种植多种作物。最宜性是按土壤属性的特点，最适宜于某一种利用方式或种植某些作物。

（一）土壤污染的危害

土壤是一种重要的资源。但是，随着经济发展和人类活动的日益活跃，土壤越来越遭受到污染和破坏，土壤污染问题越来越严峻。土壤污染的问题是不可小觑的。土壤作为一种重要的资源，土壤污染具有极大的危害性。具体来说，土壤污染主要有以下几种危害。

1. 导致农作物减产和农产品品质降低

土壤污染，使土壤肥力下降，而土壤肥力的下降必然会导致农作物产量下降，从而给人们造成极大的经济损失。以土壤重金属污染为例，全国每年就因重金属污染而减产粮食1 000多万吨，被重金属污染的粮食每年多达1 200万吨，合计经济损失至少达200亿元。同时，土壤污染还会导致农作物的品质下降。比如，我国大多数城市近郊土壤受到了不同程度的污染，有许多地方粮食、蔬菜、水果等食物中镉、六价铬、砷、铅等重金属含量超标或接近临界值，农作物的卫生安全品质大打折扣。

除此之外，土壤污染还会明显地影响到农作物的其他品质。有些地区采用污水灌溉，使得蔬菜的味道变差，易烂，甚至出现难闻的异味。而且，土壤污染也会使农产品的储藏品质和加工品质不能满足深加工的要求。

2. 污染地下水和地表水

土壤污染会给地下水和地表水带来严重威胁。因为土壤中的污染物在土壤中往往会发生转化和迁移，继而进入地表水、地下水。不仅如此，地下水和地表水的污染继而很可能会对居民饮用水源造成污染，使人们的用水安全出现极大的问题以及产生一系列的连锁反应。

3. 影响大气环境质量

土壤污染除了污染地下水和地表水之外，还往往会导致其他的环境问题。由于土地受到污染后，含重金属浓度较高的污染表土容易在风力和水力的作用下分别进入到大气和水体中，从而导致大气污染和生态系统退化等其他次生生态环境问题。而且，土壤污染使土地利用率大大降低，甚至造成土地搁置，从而可能诱发沙尘天气，污染大气环境。

4. 危害人体健康

土壤污染最大的也是最终的危害就是危害人体健康，侵蚀“舌尖上的安全”。土壤处于陆地生态系统中的无机界和生物界的中心，不仅在本系统内进行着能量和物质的循环，而且与水域、大气和生物之间也不断进行物质交换，一旦发生污染，三者之间就会有污染物质的相互传递。因此，土壤污染会使污染物在植（作）物体中积累，并通过食物链富集到人体和动物体中，继而危害人畜健康，引发癌症和其他疾病。尤其是长期食用受污染的农产品，对身体健康的危害是极大的。

同时，住宅、商业、工业等建筑用地土壤污染还可能通过口摄入、呼吸吸入和皮肤接触等方式危害人体健康。污染场地未经治理直接开发建设，会给有关人群造成长期的危害。

除此之外，土壤污染还会引发粮食及农产品危机，造成人们对食品安全的担忧，对食品问题认识的扩大化。

可见，土壤污染的危害是十分严重的。那么，土壤污染都有哪些基本类型呢？下面，我们就来一起看一下。

就类型来说，土壤污染可以分为四类，即化学污染、物理污染、生活污染、放射性污染。其中土壤污染以前三种为主要类型。化学污染包括无机物污染和有机物污染。前者有汞、镉、铅、砷等重金属污染，过量的氮、磷营养元素以及氧化物和硫化物等污染；后者有各种化学农药、石油及其裂解产物污染，以及其他各类有机合成产物等污染。物理污染，指来自工厂、矿山的固体废弃物如尾矿、废石、粉煤灰和工业垃圾等造成的土壤污染。生物污染，指带有各种病菌的城市垃圾和由卫生设施（包括医院）排出的废水、废物以及厩肥等造成的污染。

（二）人类活动造成的土壤污染

从土壤污染的类型，我们可以发现造成土壤污染的主要原因就是人类活动。那么，哪些人类活动会造成土壤污染呢？具体来说，主要有以下几个方面。

1. 过量施用化肥

在农业生产中，过量施用化肥的施肥方式已经让土壤不堪重负，耕地陷入了“肥越施越多，地越种越薄”的怪圈。而由于化肥含有机质和腐殖质，大量施用化肥后，土壤团粒结构就会遭到破坏，造成土壤板结和肥力下降。当土壤处于不健康状态时，作物就易受到病虫害的侵袭，发病率升高，因而又不得不加大农药的使用次数和使用量，造成污染加剧。特别是长期大量使用氮、磷等化学肥料，会破坏土壤结构，造成土壤板结、耕地土壤退化、耕层变浅、耕性变差、保水肥能力下降等。

2. 大量使用农药

在农业生产中大量使用农药对土壤的污染程度也是不容小觑的。农药进入土壤后，大部分可被土壤吸附，对土壤造成污染和破坏。而且，大量的农药会在植物根、茎、叶、果实和种子中积累，通过食物、饲料危害人体和牲畜的健康。

3. 工业污水灌溉

未经处理或未达到排放标准的工业污水中含有重金属、酚、氰化物等许多有害物质，这些有毒有害的物质被带至农田，会造成土壤污染，危害人体健康。而且，重金属污染十分难以消除。一旦土壤受到镉、砷、六价铬、铅、汞等重金属元素污染，就会进入农作物或粮食中，对人体健康造成影响。比如，我国辽宁沈阳张士灌区由于长期引用工业废水灌溉，导致土壤和稻米中重金属镉含量超标，人畜不能食用。

4. 工业废气引发酸雨造成污染

工业排放的SO_2、NO等有害气体在大气中发生反应而形成酸雨，以自然降水形式进入土壤，往往会引起土壤酸化。同时，冶金工业烟囱排放的金属氧化物粉尘，在重力作用下以降尘形式进入土壤，就会形成以排污工厂为中心、半径为2~3公里范围的点状污染。

5. 尾气排放

汽油中添加的防爆剂四乙基铅随废气排出常常会造成土壤污染，而且行车频率高的公路两侧常形成明显的铅污染带，对土壤污染的危害也不容小觑。

6. 固体废物污染

污泥作为肥料施用，常使土壤受到重金属、无机盐、有机物和病原体的污染。工业固体废物和城市垃圾向土壤直接倾倒，易使重金属向周围土壤扩散。

7. 牲畜排泄物和生物残体污染

禽畜饲养场的厩肥和屠宰场的废物，如果不进行物理和生化处理，其中的寄生虫、病原菌和病毒等就可能引起土壤和水域污染，并通过水和农作物危害人体健康。

可见，人类的不合理行为，不科学的活动使得土壤遭受了极大的污染，给粮食安全和人们的饮食健康造成了极大的威胁和挑战。尤其是在工业化和经济全球化的进程中，人们对土壤污染的程度日益加重，工业污染、城市污水、农业投放等多种污染源，对土壤形成了综合性的污染，并产生累加效应，呈现新老污染物并存、无机有机污染物混合的局面。由于人口急剧增长，城镇化的推进，固体废物不断向土壤表面堆放和倾倒，有害废水不断向土壤中渗透，大气中的有害气体及飘尘也不断随雨水降落在土壤中，使得土壤污染越发严重，不仅妨碍土壤的正常功能，降低作物产量和质量，还通过粮食、蔬菜、水果等间接影响人体健康，危及“舌尖上的安全”。

因此，土壤为污染以及饮食危机这道“风景”是不良的人类活动造成的。对此，人们一定要有清楚的认识，并且加强对污染土壤的治理，科学管理和指导自身的行为。

具体来说，对土壤污染的治理，首先要减少农药使用。同时还要采取防治措施，如，针对土壤污染物的种类，种植有较强吸收力的植物，降低有毒物质的含量（例如羊齿类铁角蕨属的植物能吸收土壤中的重金属）；或通过生物降解净化土壤（例如蚯蚓能降解农药、重金属等）；或施加抑制剂改变污染物质在土壤中的迁移转化方向，减少作物的吸收（比如施用石灰），提高土壤的 pH，促使镉、汞、铜、锌等形成氢氧化物沉淀。此外，还可以通过增施有机肥、改变耕作制度、换土、深翻等手段，治理土壤污染。

第六章

绿色中国，需用“风景”代言

风景是一张名片，它犹如一个人的形象，不用言语就能传递出很多的信息。同样，风景是游客对一个地方和国家最直观的感受和最切身的体验。因此，在中华民族伟大复兴的过程中，想要建设生态中国、绿色中国，就需要首先着眼于风景，打造一张成功的风景名片。当然，这不是形象工程，而是人与环境、人与人之间的和谐融洽、协调发展。

提高风景保护意识

环境是我们赖以生存的家园，是风景得以存在的重要基础和前提。各种各样的风景要成功地进入人们的视野，并深入人心，首要的就是依赖环境，和环境达成一个良好的默契。否则，再好的风景也会因为环境的破坏和污染而不复存在。

风景和环境是相互依存的，良好的环境就有可能是优美的风景，靓丽的风景必然有良好的环境作为基础。环境是一个十分广泛的概念。一般来说，环境是指影响人类生存和发展的各种天然的和经过人工改造的自然因素的总体，包括大气、水、海洋、土地、矿藏、森林、草原、野生生物、自然遗迹、人文遗迹、自然保护区、风景名胜区、城市和乡村等，是人类赖以生存和发展的物质条件的综合体。

可见，环境是一个涉及众多方面的综合体，其包含的各个要素在整个生态系统中有条不紊地存在并相互影响、相互作用着。然而，随着经济的发展，人类活动的日益活跃，人类对环境和风景的影响力和作用力越来越明显和突出。尤其是在工业化和经济全球化的进程下，人们为了追求经济增长，满足人类的经济需求，对环境大肆利用、开发和破坏，使得风景遭受了极大破坏，人类生存遭遇困境。

在人类发展的初级阶段，人是依赖自然环境而生存的，人们靠着捕猎、畜牧、养殖等原始产业开展生产和生活。但是随着经济的发展，科技的进步，人类活动的范围和领域越来越广，人类活动对环境的作用力也越来越大。因此，不合理、不科学的人类活动往往会对自然环境，对风景产生极大的破坏。

当然，这种破坏不仅体现在对自然风景的破坏上，还包括对人文风景、气象风景和生态风景的改变和塑造上。加上，人类的各种活动对环境的破坏性是连锁性的。也就是说，人类活动对自然风景的破坏，就可能导致地理风景的破坏，引发气象风景的恶化，造成严重的生态灾难。因此，在环境和风景面前，在进行经济建设，推动工业化和城市化的过程中，我们一定要懂得尊重自然，注重对生存环境及各类风景的保护，达到人与风景的共存与和谐发展。

为了有效地、自觉地保护好生态环境，注重对风景的保护和科学管理，首要的就是提高人们的风景保护意识，强化风景保护观念。然而，风景无处不在、无时不在，它涉及众多方面，关于地理、人文、气象、生态等很多的内容。因此，人类对风景的保护也应该体现在人类活动的方方面面上。

那么，在人类活动的过程中，人们应该如何加强风

景保护意识，提高风景保护观念，实现人与风景的协调统一呢？具体来说，人们需要从以下几个方面予以注意。

1. 节能减排，从小事做起

地球孕育了人类，人类也在不断地改造地球。人类的发展史，归根结底是人类艰苦奋斗的创业史。在创业过程中，人们利用各种资源能源以获得生存，同时也给它们带来了不同程度的破坏。其中，最明显也是最严重的破坏就是对各种风景的破坏。人类活动对地理风景的破坏，造成了各种恶劣的地表形态；人类活动对人文风景的破坏，导致了城市环境的恶化；人类活动对气候的破坏，诱发了日益严重的极端恶劣气象；人类对生态风景的破坏，引发了生态系统的污染和一连串不良反应。

有人预言，人类最终会毁灭在自己创造的“文明”中。资源短缺、环境破坏、污染严重、气候恶化等问题已经成为人们十分关注的问题。其实，这都是不合理的人类行为创造的“风景”。为了尽量改善或扭转这一状况，人们在经济发展的过程中，就一定要注重节能减排，从身边小事做起，人人行动起来。只有这样，减少人类活动对地理、气候、生态的破坏，风景和环境才能保持良好的状况，从而成就绿色中国、低碳中国，使得亮丽的风景随处可见、随时可见。

具体来说，就是要做到节约用电、节约用水、节约用纸。人类的各种资源都是从环境中获取的，因此节约资源，就是减少对环境、风景的破坏。其中，节约用电，就要注意随手关灯，使用高效节能灯泡及节能电器。据美国的能源部门估计，使用高效节能灯泡代替传统电灯泡，就能避免 4 亿吨二氧化碳被释放。节约用水，就是要注重水资源的循环利用，减少水资源的污染和浪费。比如，洗脸、洗手、洗菜、洗澡、洗衣服的水都可以收集起来擦地板、冲厕所、浇花等。节约用纸，就是要加大纸张的使用效率，少砍伐树木，避免从垃圾填埋地释放出来的沼气。据统计，回收一吨废纸能产生 800 千克的再生纸，可以少砍 17 棵大树。所以，节约用纸就是保护森林资源，保护环境。

2. 减少废气排放

在经济发展的过程中，大量废气的排放对大气环境和生态环境的破坏是不容小觑的。它能够使大气环境恶化，生态环境遭受污染，风景的景观价值大打折扣。就来源而言，交通废气和工业废气占绝大比例。为此，人们出门的时候可以尽量乘坐公共汽车或出租车，还可以骑自行车，尽量少乘坐私家车。对于工厂里的燃料燃烧、商品生产等而产生的大量滚滚的浓烟，人们可以把废气经过加工和过滤，再排放出来就可以减少污染。植物可以吸收二氧化碳，然后释放出氧气，因此可以进行植树造林，加强城市绿化，尤其是在公路旁。

3. 垃圾控制及分类处理

在人们生产和生活的过程中，加强对垃圾的控制和处理是非常重要的。尤其是城市垃圾和海洋垃圾，更是需要加强控制和处理。首先，对于垃圾问题要加强管理，不能随意丢弃和放置。否则会对生态环境造成极大的破坏。其次，对于垃圾要进行科学分类。垃圾分类可以回收宝贵的资源，高效地处理垃圾。另外，科学合理地处理垃圾，减少填埋和焚烧垃圾所消耗的能源，也是非常重要的。

具体来说，在生活中，废纸可以直接送到造纸厂，用以生产再生纸；饮料瓶、罐子和塑料等一次性物品也可以送到相关的工厂，成为再生资源；家用电器可以送到专门的厂家进行分解回收。家里可以准备不同的垃圾袋，分别收集废纸、塑料、包装盒等，每天进行垃圾分类和回收，就能尽量做到“变废为宝”。

全球变暖以及由此而引起的环境问题、生态问题已经给我们敲响了警钟，地球正面临着巨大的挑战。保护地球，就是保护我们的家园。所以，让我们行动起来，加强对垃圾的控制、分类和处理，才能挽救地球家园的命运，维护人类的生存和发展。

4. 科学掌控人类行为

人类活动对环境和风景的影响和作用是不容小觑的。在人类改造、利用自然的过程中，很多的不良风景就是人类不合理、不科学的活动造成的。因此，在人类活动的过程中，人们一定要保持理智，懂得科学掌握自身的行为，不要随意地破坏、污染风景，不要任意地以人类自身的意志作用于环境和风景，而忽视环境自身的规律和生态发展的要求。只有科学合理地进行人造风景建设及改造，风景才能适宜，才能与人类和谐相处，共同推动经济社会的发展。否则，人造的风景就是人来破坏和污染环境，造成生态问题的“烂摊子”，将会给人类的生存和发展造成极大的障碍。因此，要提高环境保护意识，在利用自然和改造自然的过程中，不能一味地追求经济的高速发展。

另外，随着景区、景点的数量越来越多，品质越来越高，旅游风景建设势头也越来越好。但是在一些景区也存在着白壁微瑕、百密一疏的情况，配套服务设施不健全的问题比较明显。这说明在规划、建设和维护景区时，要注意配套和细节，比如，垃圾桶分布合不合理、卫生间够不够、标语措辞得不得体、等候区有无排队栏杆等。如果解决不好这些问题，不仅可能给游客带来不便，也会提升景区管理和维护成本，影响景区可持续发展，更将有碍于文明旅游的步伐。

解决这些问题，既需要景区经常自查自检，善于采纳游客意见，完善配套措施，也需要有关部门和行业协会积极推进景区文明设施标准化体系建设。这是文明旅游的前提，是文明景区建设的当务之急。

5. 不要胡乱地制造“风景”

良好的风景都是景物与生态环境的和谐统一，体现了人与自然、人与风景和谐相处的一面。因此，在人类活动中，千万不要肆意破坏和污染环境，制造一些不和谐的“人造风景”。这对风景本身和人类的生存、发展都是极具危害性的。面对身边的风景，我们要做的应该是珍惜和保护，并在珍惜和保护的基础上科学地利用和开发。

同时，需要注意的一点是，假日出游，要注意自身的行为，避免出现一些不文明现象，制造一些破坏风景景致的人类行为。比如，旅游中，不要践踏花草、乱丢垃圾、随意攀爬等，这些都是只要稍稍注意，人人都可以做到的小事情。而大家只要做好了这些小事，就会成为旅程中一道道美丽风景。因此，你要做一个合格的文明的游客，并倡导广大游客文明出行，保护景区生态环境。

另外，在经济发展的过程中，也要注重尊重自然，以保护环境的角度去思考权衡问题，不要因小失大，造成一些危害极大的地理风景、气象风景和生态风景。

总之，建设绿色中国，保护良好的生态风景就要有良好风景保护意识和观念，懂得科学管理和控制人类的行为，不能随意制造“人造风景”。

尊重自然，科学地装点风景

环境和人是相互依存的，环境为人类提供基础的条件和设施，人类的活动又作用于周围的环境。人与环境是相互作用、相互依赖的。因此，在人与环境相处的过程中，要想成就亮丽的风景，建设美丽家园，就必须要尊重自然，懂得科学地装点风景。否则，“人造风景”就会造成人与环境的矛盾，使得人与环境难以协调发展。

尊重自然、保护自然是人类活动的重要前提。在人类活动的过程中，人们在利用和开发自然的时候常常不自觉地造成对环境和景物的破坏或是污染，从而给人类的生存和发展带来危机。不良的人类活动对环境和景物的破坏是不容小觑的，它具有极大的负面影响。而且，这种负面影响是长时间的。

因此，为了避免人类活动对环境的破坏和污染，制造出一些不协调、不科学的风景，人类就一定要注意尊重自然，科学地利用和开发风景。而要做到这一点，就是要在工业化和城镇化工作推进的过程中，注重生态文明，强调人与环境的协调统一发展。

所谓生态文明，是指人类社会与自然界和谐共处、良性互动、持续发展的一种文明形态，它的核心问题是正确处理人与自然的关系，要求尊重自然、顺应自然和保护自然，与自然界和谐相处。也就是说，人类活动不能肆无忌惮，在自然和环境面前不能肆意地利用、开发和破坏，否则最后破坏的是人类自身的生存环境。人类生存环境的破坏和污染将会带来一系列的问题。

环境是一个地方发展的核心竞争力。环境优，则产业兴、人气旺；环境差，则产业衰、人心散。而恶劣的环境所引发的地质灾难、环境问题、气象灾难、生态破坏对人类的生存和发展都是极具破坏力的打击。因此，坚持“还青山绿水，走生态发展之路”，致力打造“山水城市、魅力风景”的硬环境是不容忽视的。

特别是随着工业化和经济全球化的发展，人类的环境遭受的破坏越来越大，“人造风景”越来越多。这些都给生态保护提出了严峻的挑战。

18 世纪中叶开始的工业革命使人类社会进入了工业文明，工业化在给人类带来巨大物质财富的同时，也给人类带来了沉重的资源环境代价。20 世纪 30 年代后，工业革命带来的各种问题集中爆发，屡屡发生环境污染和生态破坏事件，特别是有名的八大环境公害事件，引发人类对工业文明弊端的反思。1962 年，美国生物学家卡逊发表了《寂静的春天》，指出生态环境问题如不解决，人类将生活在“幸福的坟墓”之中。1972 年，罗马俱乐部发表《增长的极限》，警示人口与经济的快速增长、资源

的快速消耗和环境污染将使地球的支撑能力达到极限。同年 6 月，人类环境会议提出“只有一个地球”的口号，通过了著名的《人类环境宣言》，成为世界环境保护的历史转折点。它认为环境问题

不仅仅是环境污染问题，还应该包括生态破坏问题，并把环境与人口、资源和发展联系在一起，提出从整体上协调发展来解决环境问题。

可见，要解决这一问题，在经济建设的过程中，就不能“唯利是图”，一切以经济发展速度为重。相应地，在发展的过程中，要懂得尊重保护自然，科学地规划、建设“风景”。这才能体现生态文明的实质，以能源资源、生态环境承载为基础，以自然规律为准则，以可持续发展为目标，建设生产发展、生活富裕、生态良好的文明社会。

随着日益严峻的环境形势，绿色发展、生态发展、和谐发展已经成为时代进步的潮流。“爬坡赶路”的经济再也不能走过度消耗、破坏生态的旧路，否则只会在低端徘徊，越来越“边缘化”，并给人类的生存和发展留下隐患。

生态文明就是工业文明发展到一定阶段的产物，是人类对传统工业文明带来的生态环境危机深刻反思的结果，是要在更高层次上实现人与自然、人与人的和谐，实现绿色循环低碳发展。显然，注重生态文明建设，尊重自然，实现经济健康和环境的和谐统一是最佳的方法。也只有这样，人类活动才会发挥出积极的能量，有力地改善人们的生活生存环境，助推经济发展，在提高发展质量、效益上占据先机，有效保障人类的生态利益，切实增进百姓福祉，提升人们的幸福指数。

另外，生态文明与绿色发展、循环发展、低碳发展、节能减排、环境保护等概念的关系非常紧密。生态文明是一种文明形态，也是一种理念，绿色循环低碳发展是生态文明理念的基本内涵，也是实现生态文明的主要途径。其中，绿色发展涵盖节约、低碳、循环、生态环保、人与自然和谐等内容，一般表示生态环保的内涵；循环发展就是通过发展循环经济，提高资源利用效率，解决资源可持续利用和资源消耗引起的环境污染问题；低碳发展就是以低碳排放为特征的发展，通过节约能源提高能效，发展可再生能源和清洁能源，降低能耗强度、碳强度以及碳排放总量。

因此，只有在经济建设和社会发展的各个方面充分考虑自然资源和生态环境的承载能力，推动绿色化、循环化、低碳化，实施循环经济，加大环境保护力度，加快生态修复保护，才能有效促进生态文明建设，维护好身边的风景，避免不良“人造风景”的出现。

那么，具体来说，人们应该如何尊重自然，科学地进行风景规划和建设，推动生态文明的发展呢？其实，可以采用以下几个方面的措施。

1. 转变理念，科学发展引领经济发展

尊重自然，科学地装点风景，就要在经济发展的过程中，牢固树立科学发展观，改变过去以牺牲环境换取经济增长的做法，依靠科技创新和技术进步，大力发展循环经济，促进经济增长方式从粗放型向集约型、从消耗型向循环型、从投资推动型向创新推动型转变。

而且，还要改变过去重经济增长轻环境保护的观念，坚持经济增长与环境保护并重，在环境保护上实现污染的“低排放”甚至“零排放”，并把清洁生产、资源综合利用、生态设计和可持续消耗等融为一体；促进相关产业加快技术改进和产业升级，调整能源使用结构和能源品种结构，实现能源品种的多元化，提高能源利用效率，加快研究开发替代煤炭的新型能源，减轻环境压力和能源价格波动对经济的影响；多措并举，以政策、科学技术等多种手段综合解决环境保护问题，形成环境保护的合力。

2. 调整优化产业结构，推动节能减排

尊重自然，科学地装点风景，就要不断调整优化产业结构，推动节能减排，以产业结构调整推动节能减排。一方面要加强传统产业的技术改造和产品升级，另一方面要注重战略性新兴产业的培育和发展，下决心淘汰落后产能，遏制高耗能、高排放行业扩张；培育高新技术产业，在电子信息、新材料、新能源、生物与医药、现代农业等领域，组织实施高新技术产业化工程，促进高新技术成果向现实生产力转化；加快发展具有高产出、高就业、低消耗及低污染等特点的第三产业。

另外，在产业结构调整的时候，一定要坚决果断，如果迟疑不决，反而会付出更大的代价，给环境造成更大的破坏或污染。

3. 发展生态产业，实现产业结构和生态系统的有效对接

尊重自然，科学地装点风景，就要不断发展生态产业，实现产业结构和生态系统的有效对接。首先，要大力发展生态农业。要大力发展循环型生态农业，构建农业循环发展的国民经济体系，将农业与其他产业发展有机结合起来，共同创造经济和生态效益。其次，要发展生态工业。生态工业是循环经济的重要形式之一，通过清洁生产、生态工业以及资源再生回收，形成“自然资源-产品-再生资源”的整体循环。再次，要发展生态旅游业，注重对旅游区的生态保护，不要尽量不要制造“人造风景”。此外，还可以加强旅游基础设施建设，拉动相关产业发展，形成新的经济增长点。

4. 增加环保投资，强化环境管理

尊重自然，科学地装点风景，就要增加环保投资，强化环境管理。也就是说，在经济发展的过程中，要加大环境投入，加大环境污染治理力度，切实地做到尊重自然，科学规划和管理人类活动。而且，要坚持行政、经济、法律手段与环境保护宣传教育相结合；坚持“谁开发谁保护，谁污染谁治理”的原则，进一步完善排污收费制度；加强环保法制

建设，严格执行现行各项环保法规制度；加大环保宣传教育力度，让人们认识到环境保护的重要性。这样，人们破坏和污染环境的行为就会极大地得到遏制，不协调的“人造风景”也会得到极大的改善。

同时，在环境管理工作中，要大力倡导低碳经济、绿色经济发展理念，力争通过科技创新、制度创新、产业转型等多种手段，尽可能地减少煤炭、石油等高碳能源消耗，减少温室气体排放，实现经济社会发展与生态环境保护的双赢。要依靠技术进步，发展低能耗的高附加值的产业，实现能源资源循环利用，从而使经济发展与自然生态系统的物质循环过程相协调，促进资源的永续利用，在保证经济社会发展战略目标实现的前提下，不断降低单位产值能耗和人均污染物排放量，实现经济与环境协调可持续发展。

放慢脚步，科学推进城镇化

在经济快速发展的过程中，我国城镇化建设的进程越来越快，越来越多人成为城市人，使得城市经济发展获得了强大的动力和支撑。而且，在城镇化的推动下，我国经济也获得了长足的发展，使得更多的人共享了改革开放的成果。

随着经济的高速发展，城镇化是必然的趋势，是人们努力奋斗和争取的结果。据统计，到2008年底，我国城镇人口为6.07亿，城镇化率为

45.68%，比新中国成立初期提高了 35 个百分点。目前来看，我国城镇化进程进一步加速，极大地促进了我国城镇化水平的提高，改变了我国城镇的整体面貌。数据显示，我国城镇化率已经上升到 2012 年的 52.57%。但是，现在城镇化的指标是跟国际接轨的，我国的城镇化还只能说是半城镇化，因为它不是真正的全城镇化的概念。比如，现在很多农民工住在城中村、集体宿舍，这不是一个正常城市居民应该得到的居住和教育卫生条件，还需要得到适当的改善。所以，我国目前的城镇化水平仍然低于世界平均水平。

前面提到，2014 年 3 月政府工作报告中，李克强总理明确提出了“三个 1 亿人”的城镇化目标，确保城镇化有序开展。“三个 1 亿人”，实际上是要解决三个问题。第一个“1 亿人”要解决的问题就是已经在城市里面工作，在城市里面生活的那些农业转移人口，要把他们的户口落下来，把他们的人口落户在城镇。第二个“1 亿人”是指已经在城市里面居住了，但是他们的居住条件很差，很恶劣，就是所谓的城镇棚户区和城中村，政府工作报告提出来，要改造他们的棚户区和城中村。第三个“1 亿人”就是指现在还在农村的那些人口，要有一亿人就近在中西部地区进入城市。中西部地区的城镇化水平是相对落后的，怎样促进全国城镇化的均衡发展，第三个“一亿人”就提出来要中西部地区就近城镇化。

这“三个一亿人”的重大战略举措实际上是指明了我国城镇化建设的方向。但是，在经济高速发展的过程中，要正确理解和贯彻城镇化建设的科学性和可持续性，在城镇化建设的过程中，不能盲目推进和建设，忽视了构建人口、经济、社会、资源与环境相协调的城镇化格局，从而使城镇化建设过程中出现这样或那样的人造风景。

因此，在城镇化建设的过程中，不能一味地追求速度，讲究经济效益，忽视城镇化建设过程中的协调性、生态性。在城镇化建设的过程中，要破解发展难题，避免不良的“人造风景”就要切切实实地走出一条生产发展、生活富裕、生态良好的文明城镇化发展道路。虽然我们确立了城镇化的建设目标，也并不意味着城镇化速度越快越好，健康的城镇化建设须要能够创造良好的人居环境，我国城镇化建设必须走科学、理性的道路，并以科学发展观为指导，放慢脚步，稳步推进。

当然，经济增长放慢脚步、城镇化建设和推进放慢脚步，但是并不意味着发展放慢了脚步，相反这为城镇化的全面发展提供了更大的空间和余地，使城镇化建设更加科学、理性，使得城镇的规划、建设和管理更加符合科学发展的原则，使得城镇的风景更加宜人，生态更加宜居。相反，如果在城镇化推进和建设的过程中，忽视对环境的保护，对原本的地理状况和人文状况忽视科学性的保护和整改，肆意地建设，一味地推进都市化，那么这些所谓的城镇风景就是不协调的，对城镇的发展和人们的生存也会造成不良的影响。所以，为了城镇化走到更远，每一步走得更加坚实，建设得更加完善、理性，我们就一定要节制建设行为，科学地进行规划建设和管理，稳步推进城镇化。这样，我们的城镇风景才是令人赏心悦目的。

那么，我们在推进城镇化建设的过程中，如何科学推进，注重对“地理风景”和“人文风景”的保护和建

设呢？具体来说，主要需要在以下几个方面多加注意。

1. 以人为本才是真正的城镇化

城镇化的推进和建设是为了让人们共享改革开放的成果，切实提高人们的生活水平，改善人们的生活质量，逐步实现人们的共同富裕。因此，在推进和建设城镇化的过程中，我们一定要树立起以人为本的原则和方针，切实考虑到人们的生存发展需求和居住愿望，使人们拥有更好的生活环境、工作环境。这是城镇化建设必须坚持的目标。

2. 顾忌城镇的承受能力

城镇化建设是一项非常重要而又严肃的工作，不仅是一个城市未来发展的前提条件，也是造福子孙后代的千秋伟业。但需要注意的是，城镇化的推进和建设是以经济发展为基础和支撑的，要想有力地推进城镇化建设，就要建立科学有效的管理机制，顾忌城镇的承受能力，使得转化的城镇的人口，“学有所教、劳有所得、病有所医、老有所养、住有所居”。资料显示，城镇化率 1 年提高 1 个百分点，人均 GDP 须增长 11%才能够支撑。而且据统计，1996~2003 年我国的城镇化率已连续 8 年每年提高约 1.44 个百分点。仔细分析一下，按这样的速度推算，1 年就要使 2 000 万农村人口变成城镇人口。然而，每年城市的新增就业岗位只有 850 万个左右，即使把这些就业岗位全部留给进城的农民，城镇也容纳不下每年多出的 2 000 万人。因此，不顾及城镇的承受能力、片面追求城镇人口数量的做法是不可取的。否则，城镇的稳定、生态环境的保护等方面就会出现极其严重的问题。

3. 城镇化不是城镇工地化

城镇化不是城镇工地化，不是把农村彻彻底底地改造成五光十色的现代化都市，一味地强调城市建筑和农村改造。事实上，城镇化建设应该依据客观、理性、生态的科学，避免脱离实际地大肆拆除和建设，避免盲目地追求不切实际的目标，进行攀比和实施面子工程，从而使城镇化建设变了调，走了样。在片面追求建设的过程中，往往会使城镇盲目出现高增长率的现象，而背后留下的却是看似繁华的“满目疮痍”，使农村的原本良好的地理环境、人文环境遭受极大的破坏。因此，如果搞一刀切，一味地去乡村化，城镇建设的风景其实是十分脆弱的，往往会滋生这样或那样的环境问题，给人们的生活和发展造成不良的影响。

4. 城镇化要避免沦为形象化

城镇化的建设应该是对乡村基础设施、环境等全方位的整体提升和改善，在城镇化建设的过程中，一定要统筹各个方面，把工作立足于环境和经济的协调提升，而不能一味地讲究表面的“巨变”。最直观的表现就是，城镇化建设应该注重城市地上基础建设和地下设施以及公共服务设施协调统一，避免只注重地上建设和“脸面工程”，硬性制定“一年一小变，三年一大变”的目标，从而使关于环境的基础建设遭到忽视，导致一些城市工程仅仅是拓马路、架立交桥、建高楼。因此，在城镇化建设的过程中，一定要避免一味追求形象化工程。否则，在形象化工程的推动下，城镇化的风景就是表面的、脆弱的，也不利于人们今后的生产生活。

5. 城镇化要注重文化内涵

在城镇化建设的过程中还要注重文化内涵，文化和环境一个都不能少。因为，作为文明古国，乡村既是传统文明的载体和源头，也是现代文明的根基和依托。因此，城镇化的建设不仅要遵循经济规律，更要延续乡村文脉。然而，有不少地方在城镇化建设的过程中，常常会忽视城镇生存品质，忽视城市文化内涵和历史魅力，使得城市建设往往只见建筑不见城市。甚至，在城市建设的过程中，出现严重的建筑浪费，给人们的生产生活环境造成不良的影响。所以，城镇化不是单纯地“圈地盖楼”，每个城镇都应该有自己的内涵。城镇化的建设，是要让城市融入自然，尊重自然、顺应自然，这样当你走在城镇中，依旧像是行走在美丽的乡村中，感觉舒适可人。这就要求在城镇化建设的过程中，利用好、保护好乡村的文化遗产和文化资源，不要为了所谓的城市建筑而忽视乡村文化资源、环境资源的维持和保护。同时，在推动城镇化的过程中，还要逐渐使人们形成新的生态伦理观和道德价值观，养成尊重乡村风俗、爱护乡村文化、崇尚乡村文明的良好社会风尚。

总之，资源紧张、人口众多、环境矛盾突出，是我们在推动城镇化建设过程中遇到的最大问题，也是推进城镇化过程中需要着重解决的问题。因此，在这种状况下，我们绝不能贪一时之快，置环境、生态于不顾，肆意地进行建设和改造，成就一个又一个的“人造风景”。加上，我国生态环境脆弱、环境污染严重，各种矛盾相互交织。所以，在城镇化建设的过程中，一定要转变城镇发展方式，走资源节约、环境友好、集约宜居的城镇化道路，尽量避免不良人造风景的出现。

呵护环境，扼住气候恶化的咽喉

随着经济的高速发展，工业化和全球化的推进，我们的生活质量和生活水平得到了极大的改善和提升。但与此同时，在经济快速发展的过程中，全球气候和环境也面临严峻的形势，给经济的发展，人们的生产、生活造成极大的不便，带来严重的损失。因此，在人类发展的过程中，一定要注重呵护我们赖以存在的大气环境，避免气候和环境的恶化，避免出现一些令人们遭受巨大损失的气象灾害及危机。

环境是我们赖以存在的依据，全球气候的恶化，是整个人类的灾难，是不良人类活动成就的“人造风景”。据美国《时代》杂志报道，一份由联合国政府间气候变化专业委员会新发布的报告认为，自1950年以来，人类一直是导致气候不断恶化的“原动力”，要遏制气候继续变暖，人类必须马上采取大量的行动。

而且，这份名为“第五次评估报告”的报告只是报告的一部分。资料显示，这份报告是由840余名科学家共同撰写，报告认为气候的变化是“明显的”，并且有超过95%的可能性是由人类活动所引起。美国国务卿克里也响应此次报告并发表了声明，他表示“气候的变化是真实发生的，而人类正是造成这些变化的元凶，只有人类能够阻止世界变得更糟”。

可见，人类的不良活动正是导致全球气候恶化的重要因素。气候和环境的恶化是一个重大的变化，在地球形成和发展的漫长历史过程中，全球的气候环境经历了巨大的变动，人类是在被动适应自然环境的过程中生存和发展的。但是，世界工业革命以后，尤其是近百年来，地球上人口的剧增、科学技术水平的飞速提高以及生产建设规模的加速发展，使人类与自然环境的关系发生了根本的变化。许多观测事实与科学分析结果已经说明，现代人类活动对于几十年到近百年来的气候环境变化影响作用是极大的。

比如，2008 年 1 月，一场持续的低温、大雪、冰冻天气席卷我国，给我国大部分地区造成了严重的灾害和损失。虽然冰雪灾害是一种常见的气象灾害，但是在全球气候恶化的影响下，冰雪灾害成灾因素日趋复杂。当然，不仅仅是冰雪灾害，在全球气候恶化的情况下，台风、暴雨、高温等各类极端天气气候事件越发地频发，灾害损失和影响也不断加重。而且，在全球范围内，厄尔尼诺现象、赤潮现象、沙尘暴、雾霾、旱涝等问题也越来越严重。

其实，造成全球气候恶化的一个重要诱因就是全球变暖。比如，根据上海台风研究所的研究报告显示，在全球变暖的背景下，登陆我国的热带气旋的平均强度在明显增强、强台风明显增多；登陆位置有向北纬 2 度附近的沿海集中的趋势；我国登陆体风的登陆时段也更加集中，登陆季节较 50 年前缩短了近 1 个月。

不良的人类活动已经造成了极大的安全隐患，使得全球气候急剧恶化，一些“气象风景”也已经给人们的生产生活造成了严重的破坏和打击，使人类的生存发展面临极大的考验和挑战。

因此，在人类发展的过程中，我们一定要注重对环境的保护，科学地管理和自觉地约束人类的不良活动，避免这些“气象风景”愈演愈烈，以至于给人类造成迫在眉睫的危险。那么，面对日益严峻的全球气候环境形势，越来越严重而频发的“气象风景”，我们应该如何应对呢？如何呵护环境，扼住气候恶化的咽喉呢？具体来说，主要可以从以下几个方面入手。

1. 把预防极端天气事件放在应对气候恶化的优先位置

面对全球气候环境形势的日益严峻，我们必须采用有效措施，扼住气候恶化的咽喉。首先我们要切实把增强防御极端天气事件的能力摆在应对全球气候恶化的重要优先位置，加强气象灾害风险评估，严格实施气象灾害风险论证制度，未雨绸缪加强规划、科学设计，使人居环境和重要的战略基础设施远离灾害多发区、易发区和自然环境脆弱区。比如，根据全球气候变化下我国台风最新变化动向，可适当加强对东南沿海地区的防汛抗台预警、海堤设防标准及台风影响区划等的研究和防御强台风登陆的应急能力建设。

2. 重视局地气候变化和大城市经济社会发展的相互影响

随着城镇化进程的加快，面对日益严峻的全球气候形势，我们要高度重视局地气候变化和大城市经济社会发展的相互影响关系。研究表明，全球变暖和城镇化双重背景影响下，局地气候变化已经成为影响城市经济社会可持续发展不容忽视的重要因素。比如，随着各超大城市的快速发展，人口和经济总量的迅猛增长，“城市热岛”效应及难以抵御自然灾害的脆弱性加大，相同强度的灾害性天气气候事件造成的损失将被显著放大。因此，我们在应对全球气候恶化的问题时，还要注重对重点局地气候灾害应对能力的改善和提升。这些地区气候灾害应对能力的改善对全球气候灾害应对能力的改善是有很大作用的，而且也能极大地减少不良“气象风景”给人们造成的损失。

3. 加强科普宣传和舆论引导

全球气候恶化，是一个日趋严重的问题。面对这种形势，我们要加强科普宣传和舆论引导，提高全社会的爱护环境、保护环境的自觉性和主动性。这样，全球气候就能够得到有效的改善。加强科普知识和舆论引导，普及人们的科学健康行为，灌输风险意识、危机意识，提高人们的抗灾救灾能力，就会在观念和行为上督促人们爱护环境、保护环境，并有效应对各种灾害。

4. 主动承担责任，应对气候恶化

面对日益严峻的全球气候环境形势，每一个国家和地区都应当积极主动地承担责任，为改善全球气候环境作出自己的努力，积极应对各种气象灾害，避免气象灾害的扩大化和严重化。尤其是对于一些经济发展较快、发展程度较高的国家和地区，更应该积极主动地承担更多的责任，为全球气候改善尽一份力，绝不能差别化地承担义务或是逃避义务。否则，全球气候的恶果就会落在我们每一个人的头上，给人们生产生活造成极大的破坏。

5. 全球各地停止有害的燃料补贴

资料显示，全球各地停止有害的燃料补贴，这可能会促使2020年时的污染物排放量下降5%。之前，有不少国家每年花费超过5000亿美元来补贴化石燃料，另外还拨款超过5000亿美元用于其他补贴，而这些补贴常常涉及农业和水，最终对环境和气候造成不良影响。因此，在经济发展的过程中，我们需要停止对有害燃料的补贴，以减少有害燃料对全球气候和环境的破坏和污染。

6. 推广新能源，促进城市绿色扩张

面对日益严峻的全球气候形势，我们要积极地支持经济低碳环保产业的增长，实施大规模的减排任务，确定规范能源价格，正确的能源价格可能鼓励人们对提高能源效率和清洁能源技术的投资，开发使用新能源。推广新能源是应对全球气候环境恶化的有效举措，能够有力地减轻全球气候恶化。推广新能源，提倡绿色、低碳、环保的能源消费观念，促进城镇化的绿色推进和建设，对于遏制全球气候恶化是大有帮助的。

总之，在人类发展的过程中，一定要注重环境保护，维护和改善全球大气环境，避免全球气候持续恶化。这样才能使全球气候良性发展，才能有效地抵制和避免一系列的“气象风景”，避免人生的生存和发展遭受极大的损失和打击。

运用好科技这把双刃剑

科技是第一生产力，是经济增长和发展的重要动力和支撑，是推动现代生产力发展的重要因素和重要力量。但同时，科技也是一把双刃剑。

科学和技术自从17世纪以来获得突飞猛进的发展，不但充分显示了它的造福功能，也逐渐暴露出对自然和社会的潜在威胁，造就了一系列惨不忍睹的“人造风景”。

尤其是工业革命以来，随着经济的快速发展和科学技术的进步，人们通过科技力量改造自然、利用自然，取得了辉煌的成就。在短短的几百年的时间里，从蒸汽机到电动机再到电子计算机，每一次科技革命都带来了生产力的突飞猛进，人类在控制自然、改造自然方面所获取的成就，远远超过了过去一切世代的总和。可以说，在很大程度上，自然界已失去了以往的威力和神秘，无论对人类动用多大的力量、施展怎样的威风，人类总能找到对付它的办法。而且，人类对大自然的敬畏感此时已经荡然无存，常常陶醉于控制自然、支配自然的“伟大胜利”之中。实践中一次又一次的成功，理论上一个又一个的突破，强化着人们向大自然进军的信心。人们似乎已经完全忽略了自然界本身，也很少有人能够正视这种成功的暂时性和局部性。殊不知，快速发展的科技却给人类的生存和发展埋下了巨大的生态隐患，使人类遭受着极大的生存威胁。

科技的力量有多大，科技的潜在威胁就有多大。它在努力提高人们生活水平的同时，也意外地带来了许多灾难，产生了严重的生态问题：对自然资源的掠夺性开发导致全球性资源短缺，大工业生产导致环境污染、生态破坏。诚如马克思所说：“技术的胜利，似乎是以道德的败坏为代价换来的。……甚至科学的纯洁光辉仿佛也只能在愚昧无知的黑暗背景上闪耀。现代工业、科学与现代贫困、丧颓之间的这种对抗，我们时代的生产力与社会关系之间的这种对抗，是显而易见的、不可避免的和毋庸争辩的事实。”可见，科技力量是不容轻视的，而且一定要辩证地看待和运用科技力量，尽量减少和避免科技的不良反应和负面效应。只有这样，才能避免科技使用不当或是科技不成熟、不完善造成的不良“风景”。否则，科技造成的不良“人造风景”就会严重威胁人类的生存和发展。

比如，1962年，美国海洋生物学家蕾切尔·卡逊出版了《寂静的春天》，集中关注一个特定问题——化学杀虫剂毒害地球的问题。她广泛地调查了人类粗心地应用科学和技术毁坏和威胁生命，包括人类的生命的现状。这本书以约翰·济慈的《冷酷的美丽妇人》这首诗的两行开头“湖中的蓑草已经枯萎/这儿已没有鸟儿的歌声”作为开头，形象地反映了环境被破坏后的凄凉景象。

美国学者皮特·布鲁克史密斯在他的著作《未来的灾难》中，列举了更多的事例说明随着人类的科技发展，人们对现代消费的追求，大自然受到粗暴的侵害，生态环境遭到了严重的破坏。核物理的突破性进展无疑是人类科技发展最辉煌的一页，然而它造成的危害也是空前的。且不说核武器杀伤力之巨大，时间之长久，就是在和平应用上，也给人类带来深重的灾难。

近来人们关注的“环境激素”的污染一定程度上也是科技的不良产物。所谓环境激素，指的是存在于环境中，具有类似生物体内激素分泌性质的能够扰乱内分泌的化学物质。这些污染物质的危害是，搅乱人体本来的激素分泌，尤其是性激素的正常工作，使人体出现各种各样的机能障碍。它首先是使男子的精子量锐减，影响人类的生育，关系到人类的质和量的问题。不仅如此，它还影响甲状腺激素、副肾皮质等其他激素，造成神经系统和免疫系统等的障碍。这些方面的障碍已经成为各种社会问题特别是犯罪率急剧上升的一个重要原因。而环境激素的主要物质是，DDT等农药化肥、多氯联苯类工业化学物质、二噁英等毒性气体以及作为女性合成激素而使用的已烯雌酚等医药品。毋庸置疑，这都是当今科技的产物。

另外，克隆技术和转基因工程可能产生的负面效应更令人担忧，新物种的出现不仅会改变自然界物种之间的平衡，而且还有可能伴生细菌、病毒并在环境中大量繁殖和逸散，威胁人类的生存与发展。为了追求财富，一些科技新成果的性质未经检验就急于投入使用，这可能会产生难以预料的负面效应，因为检验其作用和性质的周期必须有较长的时间，甚至需要反复验证才能确定。

1972 年，第一次联合国人类环境会议在瑞典首都斯德哥尔摩召开，这次会议通过了《人类环境宣言》：“人类既是他的环境的创造物，又是他的环境的塑造者，环境给予人以维持生存的东西，并给他提供了在智力、道德、社会和精神等方面获得发展的机会。生存在地球上的人类，在漫长和曲折的进化过程中，已经达到这样一个阶段，即由于科学技术发展速度的迅速加快，人类获得了以无数方法和在空前的规模上改造其环境的能力。”人们运用科技手段在发展社会生产力过程中，必然会遇到一些问题，这些问题只能通过科技进步来解决。《人类环境宣言》还说：“我们在决定在世界各地的行动时，必须更加审慎地考虑它们对环境产生的后果。由于无知或不关心，我们可能给我们的生活和幸福所依靠的地球环境造成巨大的无法挽回的损害。反之，有了比较充分的知识和采取比较明智的行动，我们就可能使我们自己和我们的后代在一个比较

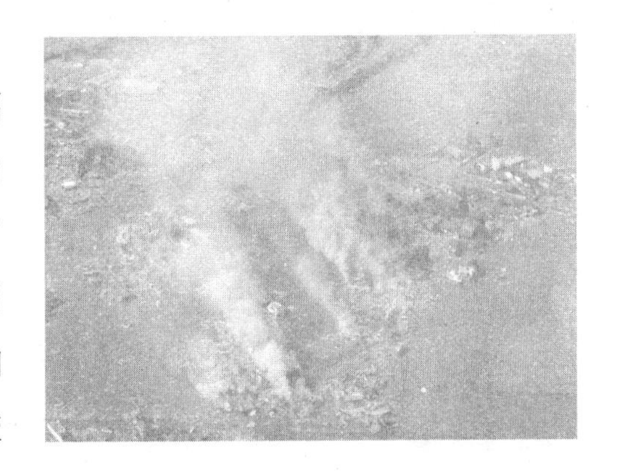

符合人类需要和希望的环境中过着较好的生活。改善环境的质量和创造美好生活的前景是广阔的。”

可见，如何运用和驾驭科学技术已经成为摆在人们面前的一个十分严峻的问题。所以，科学技术是一把双刃剑，如何运用和驾驭这把双刃剑将直接决定着人类的生存和发展，决定着人类赖以生存的环境究竟如何发展。

人们运用科技手段所带来的资源浪费和生态破坏、环境污染，最终必须依靠科技进步来解决。那么，在人类发展的过程中，我们应该如何运用和驾驭科学技术，使科技朝着积极健康的方向发展，尽量避免科技对人类生存和生态环境造成的伤害呢？具体来说，主要可以从以下几个方面入手。

1. 充分发挥科技认知功能

随着生产力的发展，人类的科技事业突飞猛进，向大自然进军的深度和广度迅速扩展，从太空漫步到克隆绵羊，人类在自然面前的主体地位日益增强。然而在生产力飞速发展、物质财富急剧增加的同时，却出现了人口爆炸、资源短缺、生态污染、环境破坏等一系列的问题。之所以如此，是由于人们以往在与自然打交道的过程中只注重经济效益，忽视了生态效益和社会效益，从而破坏了大自然的生态平衡，造成了一系列惨不忍睹的“人造风景”。因此，在人类认识自然、利用自然和改造自然的过程中，一定要充分发挥科技认知功能，及时体察到生态危机并采取正确应对措施来改变这种不良状况。只有这样，人类才能承担起义不容辞的道义责任，充分发挥科技认知功能，才能积极地应对全球生态危机，保护我们赖以生存的地球，推动科技进步和人类发展的良性循环。

2. 大力发展生态技术

技术是协调人与自然关系和实现人性解放的必要手段，它能促使人类摆脱野蛮、走向文明。随着生产力的发展，人类的技术是不断进步的，科学分工越来越细，技术分工越来越精。但是，科学技术是一把双刃剑，要避免不良的“人造风景”就要大力发展生态技术。这是建设资源节约型、环境友好型社会的重要力量途径。否则，在科学发展的过程中，忽视对生态技术的发展，就会造成资源的浪费、环境的污染，造成高消耗–低产出–高污染的循环流程。所以，在科学技术发展的过程中，一定要把科技发展的方向放在生态技术方面。

3. 合理地使用资源能源

有时，人们往往会把自然看作可以随意操纵和摆布的机器、当成可以向之无穷无尽索取的原料库和无限容纳工业废弃物的巨大的垃圾箱。这种做法无疑违背了大自然本身的客观规律，而且随着经济的发展、人口的激增，人类行为已经远远超出了自然界的承受能力。当人们在无限增长的需求欲望鼓动下对自然进行掠夺性开发和破坏性利用时，自然界就会向人类施行严厉的报复——全球性的生态失衡和人类生存环境恶化。面对日益严峻的生存形势，我们再也不能对此视而不见、充耳不闻，沿着传统的路径走下去了，我们一定要注重运用科技力量加大对新能源、新资源的研发，使可再生资源、人造资源得到充分利用，不可再生资源得到保护。

4. 严密监控，及时消除科技隐患

社会要进步，科技要发展，而且科技发展不能绝对排除对环境的负面影响。因此，科技的双刃剑功能从客观意义上说是必然的，科学技术活动只能尽量规避和抑制其负面活动，而不能彻底消除，所以，在科学技术发展的过程中，一定要注重对科技使用方面的严密监控，加强管理，及时发现并消除科技隐患，避免科技中的不良因素或是违规操作造成科技的不良后果，从而造成资源浪费，继而加大环境的承载压力，破坏生态、污染环境。

总之，在人类进步和发展的过程中，我们一定要运用好科学技术这把双刃剑，尽量避免或减少科技给人类以及我们赖以生存的环境造成严重的伤害和打击，使得“人造的风景”侵占我们的家园。